世界如此复杂，你要内心强大

星汉 / 著

天地出版社 | TIANDI PRESS

图书在版编目（CIP）数据

世界如此复杂，你要内心强大 / 星汉著. —成都：天地出版社，2019.1（2019年重印）
ISBN 978-7-5455-4319-3

Ⅰ. ①世… Ⅱ. ①星… Ⅲ. ①成功心理—通俗读物 Ⅳ. ①B848.4-49

中国版本图书馆CIP数据核字（2018）第248041号

世界如此复杂，你要内心强大

SHIJIE RUCI FUZA，NI YAO NEIXIN QIANGDA

出品人　杨　政
著　者　星　汉
责任编辑　张秋红
装帧设计　思想工社
责任印制　葛红梅

出版发行　天地出版社
（成都市槐树街2号　邮政编码：610014）
网　址　http://www.tiandiph.com
http://www.天地出版社.com
电子邮箱　tiandicbs@vip.163.com
经　销　新华文轩出版传媒股份有限公司

印　刷　天津文林印务有限公司
版　次　2019年1月第1版
印　次　2019年7月第2次印刷
成品尺寸　145mm×210mm　1/32
印　张　8
字　数　180千
定　价　45.00元
书　号　ISBN 978-7-5455-4319-3

咨询电话：（028）87734639（总编室）
购书热线：（010）67693207（市场部）

修炼内心，做强大的自己

不倒翁，大部分人小时候都玩过，你不断地试图把它按倒，但它却不断地站起来。小孩子斗气地玩下去能玩到恼羞成怒，就算一脚把它踢飞，不管落在哪个角落，它依然是站立的姿势。真是拿它没办法。

现在，作为一个成年人，回头看小时候这个让自己无可奈何的玩具，居然有了另一种人生思考：不倒翁为什么倒不下去?

其实这个问题，小时候也都问过，负责的家长们可能还正儿八经地解释了它的物理学原理。但现在再想到这个问题，答案与物理知识无关，却与人生有关。

这让我想起李连杰版的《太极张三丰》，痴癫的张三丰悟出太极拳法就是因为一个不倒翁，这大概就是电影解释的“太极”精神吧。

太极讲究的是借力用力，以静制动，以柔克刚，这源于中国的老庄“哲学”，也是不倒翁永远不会倒下的人生哲学。

很多人由于缺乏必要的认知和训练，多年来一直跋涉在心灵的黑暗深处，耽于幻想、意志薄弱、害羞、胆小、害怕接触异性、害怕冲突、自卑、心理素质差……内心不够强大，很容易被他人控制。

谁都想过得从容淡定、快乐无忧，然而现实却是，世界如此复杂，我们颇受内伤。其实，我们应该选择做一个看上去平凡无奇却无比强大的不倒翁，有一个坚实的内心，厚重沉稳，足够拉住我们的身体和我们的思想，让我们永远保持一种不被打败的姿态。

本书就是一本教你在复杂世界里如何变得内心强大的书。它以通俗的语言、犀利深入的分析，将心理学、社会学等常识融入现实生活，分析我们在职场、人际、两性等各种社会关系中的心理状态，教会我们如何应对复杂多变的生活，控制情绪，发掘潜能，在复杂的世界修一颗强大的内心，收获卓越人生。

CONTENTS 目录

第3章 世界其实没那么复杂，一切伪装都是纸老虎

第4章 管住自己，才能内心强大

第5章 消除导致内心不够强大的因素

第6章 内心强大，得益于人生的历练成长

第7章 心灵自由才能真正的强大

第 1 章

每个人都想成为一个内心强大的人

内心强大的人，一定是有自己坚定信念的人，这种内心的强大，意味着他极其自信，而这种自信常常来自于他深刻地意识到自己的浅薄，以及对生命的深深敬畏。内心强大的人，即使身处恶劣的环境，也能让自己活得淡定从容，不可侵犯。

努力寻找更好的自己

有时候，在上下班的地铁上，在出入境的飞机场里，或者在约会朋友的咖啡厅，或者干脆就在喧嚣的马路上，你会下意识地观察你的周围。那些形形色色的人们，他们有的比你光鲜，有的比你精神，有的比你沉稳，有的比你快乐。你会在心里想，我在他们眼中是什么样？想到这个问题，大多数人会有些沮丧。

包括你我在内的大多数人在这些时刻，会多多少少对自己产生不满：

> 我要再努力一点工作，我就可以像她那样光鲜……
>
> 我要是能坚持早睡早起运动健身，我也可以像他那样有朝气……
>
> 我要是坚持每天都能读一点书，我也可以像他那样沉稳有内涵……

我们在心里做着无数的假设和规划，不服气也不甘心地下着决心，决定改变一下自己。但这种意念大概也就持续那么几秒钟或几分钟。马上车到站了，或者要登机了，或者约会的朋友推门进来跟你打招呼了，你的思绪就被打断，然后那种意识也便消失了。可能在另外的某个相似的瞬间，这种意念再冒出来，但是再被打断，再消失。你还是那个你，你还是不断地对自己不满意，对他人不服气，不甘心，你还是喜欢憧憬那个更好的自己。可是，现实是，你还是……这真是太令人沮丧了。

可是更糟糕的是，我们还要面对类似这样的人生片段：

比如一场简单的面试，明明出发前准备了很好的开场白，想好了回答各种问题的最佳答案，想好了如何现场发挥。可是偏偏在面对面试官时，突然那个准备好的自己就消失了，像灵魂出窍一般不见了，剩下的这个自己简直糟糕透了：手足无措，语无伦次，面红耳赤，结结巴巴……天啊，这哪里是我，我怎么会这样？赶快结束这该死的面试吧。

或者还有些时候，我们想在上级领导面前表现得自信满满、精明能干，可是在会上发个言声音也要抖。和同事的沟通，也会因为对方一个不经意的表情、语气而顿时不知如何是好，要么留下一肚子委屈，要么就会冲动地说出一些毁掉办公室人际关系的“咒语”。这是个职场中失败的自己，却不是真正的自己。

我们每个人都有这样的时候，所以很多时候会对其他人说，“其实我不是这样想的”“其实我本不想这样做”“我其实可以做得更好”。

可是，亲爱的，更好的那个你在哪里呢？

终于忍受不了这样的激将了，下定决心要把那个更好的自己拉出来给你们看看。

一个叫兰心的网友，刚进入一家外企工作，上班一个星期在网上跟我抱怨：“我就像个丑小鸭，她们就像时装杂志里走出来的模特。”她说的“她们”当然是那些外企的同事了，听她的描述我可以想到那个帅哥靓女争相斗艳的场景。兰心说：“我也要像她们一样，从头发到指甲，全副时尚起来。”

不久后某一天，她在线传了一张照片给我，果然不一样了。适当的“OL（即Office Lady，白领女性）风”让她看起来很不错。

“你觉得这样是不是很适合我？”

“嗯，很不错呀。”

“是吧，我也觉得我本来应该就很适合这样的。可是我周围的朋友们好像没这么认为。”

“哦？为什么？”

“他们老说我装，说我之前都不这样。我之前是不这样，可我这不是在改变自己嘛，我不是想让自己更优秀嘛。”

原来兰心之前是一个特别随和、大大咧咧的女孩子，朋友有什么事她都很热情相助的一个人。可是后来，朋友再有什么事情向她倾诉或者征求她的意见，她都会端出一副教育人的姿态，分析出个一二三四，貌似别人的人生观都是错的，都是有问题的，都是不合理的。

这样看来，兰心是有改变的，思路敏捷清晰、理性，在工作中，这是很好的进步。可是，问题是，在朋友圈子中，朋友需要的是理解、安慰、劝解，甚至就只是需要朋友不分是非的同仇敌忾，管他对与错，宣泄完了再说，这是朋友的价值。

所以，兰心变得尖锐刻薄之后，朋友受不了，兰心还觉得委屈。

“你觉得现在的你是更好的你吗？”我问兰心。

“是吧，其实是我们部门的上司影响了我，她是一个女强人，雷厉风行，什么事情到她那里都井井有条，都有原因有方法，她就是解决问题的人。我想像她那样。”

兰心是在模仿她的一个临时偶像，觉得她比较优秀，想成她那样的一个人，于是从言谈举止上都学她。可是原本随和热情的兰心，偏要学习一副冷峻理性的强势模样，最先接受不了的就是原来的朋友。这种更好的自己，就真的是更好的自己吗？

很多人在寻找更好的自己的路上，找错了方向。

其实所谓比你好比你强的人，也许只是在某一个方面，而你学习之前就要先了解你应该在哪方面学她，帮助自己进步。我们自己应当擅长挖掘自己的好，才能更好。如果一味将他人的价值观放置在自己身上，慢慢失去自我，那么何来更好的自己呢？当你都不是你了，任谁恐怕都没法去寻求更好的自己。

那么，更好的我们究竟在哪里？

其实无论工作中还是生活里，我们在寻求自身发展与进步的同时，还是应当首先从自身寻找立得住的东西。毕竟，环境是难以改变的。我们只能改变自己，不断地修正自己，以期望成为更好的人，更能够胜任和适应环境的人，但这并不意味着盲目复制他人。做自己也许才是最好的。

某天，在微博上年看到一段视频，是美国传奇人物Ellen DeGeneres（艾伦·德杰尼勒斯）在某大学毕业典礼上的即兴演讲，心灵受到强大触动。

Ellen的人生用传奇两个字形容似乎都显平淡，做过女招待、售货员的她不仅成为美国的喜剧明星、脱口秀主持人，还多次主持格莱美、奥斯卡颁奖典礼，她的成功是一个传奇。可是当她与即将毕业的大学生分享自己的做人感悟时，她说，她觉得人最大的成功是要对自己真诚。对自己真诚，才能真正地认识自己。

当一个人有了自己独特的魅力和价值，她是独一无二的。她不是像谁，她就是她自己时，才能真正值得别人喜欢，也会让自己真正觉得踏实和快乐。

诚恳、踏实的人谁会不喜欢呢？生活里我们愿意和这样的人做朋友，工作里我们愿意和这样的人合作，甚至在感情上我们愿意自己选择的伴侣有这样的品质。

这样，你是否还要去羡慕别人，还要再贬低自己？其实更好更优秀的那个你永远都只能是你本身，旁人与环境只是给我们提供了一个情境，为我们的这种自我增长制造契机抑或是阻碍。有朋友可能就会说：“我就是很自卑，情绪总是很低落，我看不到自己的优点，就算看到了还是会觉得不如别人，该怎么办？”

让我给你讲讲我一个学妹的故事吧：

卓亚是我大学时期的一个学妹，在同学们的印象中，她是一个“自卑公主”，为什么公主还会自卑呢？很拧巴吧？是这样的，卓亚其实很漂亮，成绩也不错，性格也随和，但她总是不自信，这似乎给她的美丽添上了一份哀愁。那时我在学生会组织新人选拔，在校园网站上她凭借美丽的外表和好性格票数领先，但是私下同学们却在议论“她可能做不了”“有点放不开吧”“她有点自卑”。噢，这跟我们的想象实在是太不一样了。

事实上，他人无法切实地关注到你为何会自卑，你内心有怎样的压抑，他人只会看到你的表象，即你自卑，你可能无法胜任，你不适合。因此自卑、自暴自弃、看不到自己好的一面，这些情绪和症状对人的工作和生活都会有很大的阻碍。

依照对卓亚的印象，我们想印证我们的认识是对的。因此在之后的竞选中，依然很看重她的表现。但在之后的公开演讲中，她却让我们格外失望。其他竞选同学都争相慷慨激昂，积极表现自己的长处，卓亚上台说了几句“自己会为大家服务”之类的话就下台了，并且不等结果出来就匆匆离开了现场，似乎已经知道最后的结果并且无法承受似的。

看到这样的结果真让人由衷叹气，明明很优秀的人，却似乎看不到自己的优秀，显得羞羞怯怯的。

在我们与他人交往，与外在产生联系互动之前，我们最先是和自己做沟通，这个步骤很重要。只有与自己沟通了，我们才能认识自己，认识到自己的优点以及短处；而后才能确定自己想要什么，适合什么，能够成为什么；最后进一步去施行让自己变得更好的行动力。

每个人都觉得自己可以做得更好，这是动机。但行动的过程往往出现偏差，结果没有找到更好的自己，甚至还迷失了自我。

有的人过于盲目地确定了更好的自己，结果那并不一定就是真正的自己。

有的人妄自菲薄，看轻了自己，结果自己明明很好却不去勇敢地面对。

如果让自己的内心强大起来，首先当然是要找到自己的真心，找到真正的自我。

伪装坚强只会让自己更脆弱

“为了不哭大声笑，为了不烦大声呸！”

这是一首歌的歌词，歌名叫《穷开心》。歌如其名，整个歌曲的氛围都是一种“咱老百姓今儿个真高兴”的欢乐，加上主唱团队的演绎，简直就是活跃气氛、扭转心情、发泄情绪的良药。

是的，这是一首开心欢乐的歌，可是我却从这句歌词中感到了一种莫名的悲伤和心酸。为了不哭大声笑，这是一种怎样的坚强？这种坚强的背后有着多少无奈和隐忍，又有着怎样的不得已，必须要让自己不哭出来，反而要装出一副欢笑的表情？

自己想想，我们还不就是这样。有多少时候，不想表现自己的脆弱，不想表现自己的失意，不想成为他人的笑话，不想成全他人的得意，要装坚强，装乐观，结果装得自己越来越委屈，越来越憋屈，越来越愤恨、不满、抑郁。

其实，越是装强大，内心反而越脆弱。脆弱到不堪一击。

所以，这大概成为了我们大家的心理危机，不管你认识没认识到，我们都清楚，我们可以用这种心态逃避，却不能用它拯救自己。真正能让自己强大的，是想哭就可以放声哭，想笑就可以大声笑，这才是真正的坚强。

每个人内心都有一个期盼的自己，或者说对自身有一个最起码的期望值，这个期望就是自己能够成为更好的人。事业更上一层，生活更加多姿多彩，感情顺风顺水，为了这一切，人们愿意去改变自身，去适应环境。因此在生活里，在工作中，在与朋友的交往中，与同事的共事中，哪怕是与爱人的相处中，我们都不由自主地想要展现自己最好的一面。

可是就为了这个最好的一面，是否让我们丧失了一些最基本的“权利”？比如，我们心情低落的权利，我们需要安慰的权利，这些正常的情感及心理需求被压抑，被一味地坚强面对代替，甚至还要笑脸迎人，用一种夸张的方式来掩盖内心的不安与苦闷，只为了表明自己的坚强。

人应当强大自己的内心，不要一味地逃避，或者寻求外在的改变。在这里，我想要说的是，正因为没有人能够切实地关心到我们自身，就更需要我们自己善待自己，去引导自己的内心，而不要一味地压抑，不要为了塑造某种形象而放弃最基本的内心需求。

我有一个朋友，在金融界摸爬滚打，见过不少风风雨雨，在金融圈内名声渐起。他不仅有精明的头脑，还有良好的心态，挺过了一次又一次的危机，依旧屹立不倒。但突然有一天她太太找到我，想让我去劝劝这位朋友。细问之下才知道，这位在外面光芒四射的金融才子回到家根本是另一番样子：摆臭脸，不爱说话，容易发脾气。我想可能是职业压力造成的。但是他太太却摇头：“不是，我也跟他沟通过，工作有不开心就讲出来，但他不说，现在对小孩也很没耐心，孩子一听到他回家的声音就害怕。我实在受不了了。”

在外自信满满，笑脸对人，回到家摆臭脸，说句不好听的就是拿老婆孩子撒气。家是挡风遮雨的地方，家人不是出气筒。这位朋友对外是典型的为了不哭大声笑的案例，为了表现出更好的职场风貌，将职业的压力转化到了内心，以至于他都无法好好地去面对家庭生活。

其实，在各种对目标的期盼之中，我们对自身的期盼大多是一致的，希望自己是一个坚强的、可以独当一面的人，这是人在世间寻求立足之地的自我暗示以及心理防御。但人生并非总是一帆风顺，我们所期望的关系与环境带来的安全感平分到每一个人身上是有限的。当灾难来临时，更多的考验是我们自身，而非旁人以及环境所能带来的保护。因此伪装成为了我们完成内心期望和与外界和解的最主要途径之一。可是，伪装坚强真的有用吗？这对我们自身的转变有用，还是对解决困难和危机有用呢？

我约了这个朋友，打算跟他好好谈一谈这个问题，还没说几句，这位朋友自己也意识到自己的问题：“我觉得自己有抑郁症。”

抑郁症这个病的病理我不想去研究，可是这个词汇却是近两年在大众范围内普及开的。自问我对这种病症的理解并不深入，我想大部分人不一定明确地知道这种病的病理症因，但却让很多人在承受巨大压力和情绪波动时，怀疑自己就是患上了“抑郁症”。

他们认为：我病了，所以责任不在我；我情绪不好，不是我而是医生要解决的问题。

我刻意回避了他的这个问题，问他这种对待职场风云不露声色的好处在哪里。朋友认为这会给自己的职场伙伴带来信心，也会给自己积极的心理暗示。但是要说为什么回到家就会忍不住发脾气，他说他觉得家是放松的地方，所以，在外面“伪装”了自己，回家就没有必要装了，就需要完全放松自己。但让自己的坏情绪影响到家人，他也感到很惭愧，所以后来就慢慢逃避回家……

他再次问：“你说我是不是病了？”

我摇头苦笑：“你这是要把自己的责任推给医生喽？”

“不然，我要怎么解决呢？我是拿自己没办法呀？”

我们真的拿自己没有办法吗？

其实我们都应该清楚的是，无论谁的生活，都是其自身在时刻参与的，你的参与才造就了你的生活。你的参与包括方方面面，包括你的行动也包括你的内心，也许坚强有担当的职场形象可以有利于自身的发展，但是内心的压力却无处排解，它终归会爆发，所以就需要我们自身去调解。能够与自己的内心和解，才是真正的内心强大。

也许我们有时候太过跟生活和工作较真儿了。你伪装的面具，也许在他人眼里早已经一眼看穿，只是大家都心酸地明白我们为什么要这样互相包容、互相捧场。就好像皇帝的新装，心照不宣地互相维护着各自的尊严。

可是，是不是当天真的诚实的孩子说破这个谎言之后，大家反而更舒服了呢？

舒服才能自信从容，自信从容自然就会流露出不凡的风度气质，自然就会影响你的合作伙伴、你的同事，以及所有你希望影响到的人。

舍本逐末就是我们的愚蠢，也是我们不快乐的根源。让事情简单直接，结果不一定就是危机，反而是大家松一口气后的轻松呢。

失控的生活状态
永远不会令你满意

其实我们反复强调内心强大的重要性，是因为内心是我们作出一切判断和执行力的本源。内心就好像一个发动机，是这个发动机在掌控着我们自身以及我们生活的运转。对这个发动机来说，能源的来源又是错综复杂的。内心的强大是一个需要和解以及不断锻造的过程，这个来自我们自身，来自与外界的调解当中。打个比方来说，我们从努力工作得来的成绩中获得满足感，内心受到激励，可以做出更优的计划和决定，就此产生一个心理上的良性循环，然后投射到外在。而当我们身处困境，适当的自我调节使内心获得缓冲，以继续向目标努力，又可以扭转外在。

但是现实生活的情况可能没有所说的那样单一，当我们在达到某一个生活或者心灵目标之前，需要做我们内心不愿意或者不喜欢的事情，那么这台发动机还能够正常、有条不紊地运转吗？

在电影《穿普拉达的女魔头》中，刚从大学毕业的女孩安迪确信自己想当一名记者，而在这之前，毫无经验的她只能先进入一家顶级时装杂志，给他们的总编米兰达当助手。安迪告诉自己只要挺过这段时间就可以去做记者了，由此展开了一段从没想到过的职场生涯。总编米兰达是一个对所有人都尖酸刻薄的人，并且无论公事私事她都会交代给下属，弄得安迪苦不堪言。例如在有飓风的时候，让安迪去找飞机把她从迈阿密送回纽约，原因只是自己的双胞胎次日早上要在学校表演；当安迪不小心坏了她的规矩时，让安迪去找哈利·波特的手稿，只是因为她的双胞胎急于知道下面的故事；在女魔头发现安迪的能力高于第一助手艾米莉时，决定让安迪代替艾米莉去巴黎，而艾米莉的理想就是去巴黎，她还要求安迪自己去告诉艾米莉这个噩耗。安迪一一照做，伤害了艾米莉，安迪认为是自己实在没有办法选择……

也许有人会说这只是一个电影，但是生活中让我们违心接受的事情大概是要比剧本中的多得多。而这样做究竟有意义吗？我们能否在这个过程中将最初的意义坚持到最后？还是让内心的发动机失去了原有的频率而改变了方向和初衷？和同事争夺却是为了一个自己并不心仪的位置；为了挽救感情做出让步却让双方都很痛苦；在生活上讲究却欠下巨额的信用卡债务……也许有人会理直气壮地说，这就是内心的选择啊！为了更好的将来，我不应该努力争取任何的可能和机会吗？为了不和伴侣分手，我明明做出了巨大的牺牲；为了融入圈子，拓展人脉，树立形象，我才大额花销的。可是问一问自己的内心，满意这样的生活吗？你确定做了这样一系列的行动之后你达成了自己真正的心愿和目标了吗？一个不心仪的位置，你会接受或坚持吗？你为感情做出让步，内心是心甘情愿的吗？超前过度消费之后，你能承受被银行催账时所带来的困扰吗？

几乎所有人都想预知未来，因为对于不确定的事情总想知道结果。知道结果就不用提心吊胆，就不用绞尽脑汁作判断作选择，知道了结果，就有了安全感。

可生活偏偏不是这样的，不要说将来，我们甚至不能确定明天会发生什么。我们作的任何选择和判断靠的都是过去的经验，仅供参考，但不能确保什么。所以我们才会焦虑，会担忧，会患得患失。

这些情况都意味着，我们是失控的。

因为想得到上司的赏识，所以在工作中努力表现，为了确定能让上司满意，甚至去研究上司的星座、性格、爱好等等。

因为想让大家喜欢自己，所以在与人交往过程中去刻意注意每个人的喜好，迎合他们的观点，做他们喜欢的事情。

再或者因为工作中出了意外，想到会被他人责怪、质疑，而焦躁暴怒，甚至会言行失态。

……

生活中很多这样的时候，甚至可以说是时时刻刻，我们总是在为各种各样的“因为”而努力，就像被“目标”们牵着走。这些时候，我们是被“目标”控制的，被上司，被他人，被自己的“小心思”控制着，没有自己，仿佛只有自己的真心和意愿不在自己的考虑范围内。

你亏待了自己，你觉得这是逼不得已，是上司的过错，是他人的过错，是生活的过错。

可是，有谁要求你这样做吗？或者说，如果你不这样做，你就真的会受到惩罚吗？

不是的，你不过是为了一种安全感，为了一个确定的答案。

因为不能把握、不能摆平的生活状态让我们没有安全感，所以我们才要去追求那种安全感。

只不过，我们没有换个角度去想，为什么我们总是去解决别人提出的问题，而从来不听听自己的心声。

如果把人世间形容为大海，那么人大概就是漂流在这个大海上的一叶扁舟，要在风浪中找到一个平衡点，而这个平衡点就是我们自己的内心。在生活失控之前找到内心的平衡点，是让内心强大的重要任务之一。

重新回到电影，安迪的态度从一开始的得过且过，不为工作而改变自己，到后来跟随圈子的潮流，换上华服，卓有成效地从事着她的工作……但最后，通过与女魔头的交谈，安迪发现自己得到了工作，却放弃了家人和朋友，并且为了工作上的进步，要将别人狠狠打压下去，她毅然离开杂志社，并重新寻回自己内心的理想和失去的幸福。

永远别让内心的发动机冲出能力范围，如果对待生活像费劲地拉着一匹野马，将很大一部分精力都放在了打扫生活失控留下的战场，那么为何不在内心失控之前让内心变得强大呢？控制力是内心强大的表现之一，根源上的井然有序才能让我们的生活高枕无忧，而不要等到生活完全失控了以后去品尝内心的失望与苦涩。

内心强大的那个人，原来就是理想中的自己

当我们认识到我们是在欺骗自我，是在伪装强大，是在一种失控的状态里生活时，才会真正意识到，找到内心强大的那个自己是多么地迫切和必要。

你知道现在的自己不是理想中的自己，而且心中经常会勾勒出理想中的自己。

比如，他（理想中的自己）应该是勇敢的、自信的、宽容的、顽强的……面对任何问题都能坦诚回答，面对任何为难都能义正辞严地对待或一笑置之，面对任何权威都可以做到不卑不亢。

这个理想中的自己多好，能淋漓尽致地表现自己的才华，能左右逢源地处理好周边的人际关系。反过来，能够淋漓尽致地表现自己和左右逢源地摆平各种问题的人，又是什么样的人呢?

某天看到一个帖子，其中有一句话让我深为认同：内心强大的人，才是真正有思想的人。因为内心强大，说明他对这个世界，对社会，对人生，都有自己独到的看法，有自己坚定的信念。这种信念不只是停留在口头，而是深植于内心，在这种信念的引导下，

人会言行一致，有原则且有立场，不会犯下大的错误，甚至有时候我会认为一个有信念的人，他的缺点也是可爱的。他的缺点正是缘于对自己某种信念的坚持，是能够被他人轻易接受的，就好像我们要接受一座山峰就必须接受与它连为一体的深谷一样——因为有山谷，所以才会有高峰。

所以，真正内心强大的人，不会色厉内荏、外强中干，甚至很多时候他们看似外表柔弱。当然，这只是表象而已，他们不需要用“外在”来为自己壮胆，也不会刻意掩饰自己某方面的不足，因为他们对自己有一个清醒的认识，知道自己的优点与缺点。也正因如此，他们对自己的言行、情感有着他人难以想象的坚持，有着无与伦比的自信，他们的内心是坚不可摧的，是不会被轻易撼动的。

毕业后，我到了一家文化公司上班，同事楠是所有同事中比较特别的一位。我们所从事的是文字工作，大部分的同事都是文科出身。楠所学的专业好像是什么道路桥梁工程管理，好吧，到现在我也不能准确地说出这个专业的全称，只觉得这哪儿跟哪儿呀。

首先，这个专业一听就是搞勘察设计的，都是男人们的活儿。其次，道路桥梁专业跟文案编辑离得就更远了。

就是这样的楠，成了我的同事。在此之前，她参加过无数文化公司的面试，想从事与自己专业完全无关的文字工作，而且又没有相关经验，结果可想而知，处处碰壁。

我都能想象出，除了她自己那颗火热的心和渴求的眼神，在对方的眼里，她什么都没有。遭拒，是必然的。

“你凭什么让我相信你可以胜任这份工作？”

“……”

“你喜欢文字，但为什么读了一个工科专业？”

“……”

“以你现在的情况想找一份这方面的工作恐怕非常难，你还是重新想想你的人生规划吧。”甚至有人这样建议。

楠被打击了很多次，但她没有沮丧过，也没有打算放弃，她一直在坚持。

事实上，看到她的简历，就没有公司发给她面试通知。她是按照网络上看到的招聘公司的地址找上门去的。

她来我们公司那天是个大雪天，那天一般没有要紧事情的人都不会出门，连送快递的小伙子都放假了。

她就那样闯进来问前台：“我是来面试的，我没有预约，但我想试试，能不能给个机会？”

就是因为她这份执着，她被无薪留观一个星期。然后她凭借透着灵气的文案征服了领导，成了我的同事。现在，她已经出版了自己的作品，行走在她理想的路上。

第 2 章

先把强大的自己找回来

内心强大的人，在认识别人之前，先认识了自己。世界上最难认识的不是别人，正是自己。“我是谁”这个问题要结合很多问题来考虑。比如，我处于一个什么样的时代？我生活在一个什么样的环境？我有什么能力？……这些都是认识自我、了解自我、创造自我、发展自我的前提。

找回自我是内心变强大的前提

某天，看到一档综艺访谈类节目，嘉宾是一位深受普通观众喜爱的老艺术家。

主持人问道："您从业这么多年，取得了那么多辉煌的成就，您有什么经验和秘诀要跟时下的年轻演员们分享吗？"

"其实一个演员，要想达到表演的最高境界，一般要经历三个阶段。第一个阶段是模仿，学前辈的套路，学表演的腔调架势，你看到的是表演的技术，不是鲜活的角色。但是为什么呢？因为这个时候，演员还青涩，还不自信，但还要一心想着在行业里扬名立万，想着如何走红，于是就不自觉地向那些红了的先辈学，以为像谁谁那样，自己也就能达到那个高度。这是还没找到自我。

"第二阶段，就是自我，我们叫返璞归真了。找到自己的感觉，对角色人生有了自己的认识，可以质疑和升华学到的知识了。我对这个角色怎么理解，我打算怎么塑造它，我要把它演成一个什么效果，完全有了自己的主意。

这个时候的角色表演，你就不仅看到血肉，还看到性格了。这个时候的演员是最容易走红的，因为观众真的看到角色和你了，能记住你了，能被你带动了。这时候是演员对自己内在的完全开放，关注自己内心想要表达什么，而不去关注怎么演才能红，才能得奖。

“第三个阶段，就是向外的释放，找到自己。认识到自己的人生，然后才能更真切地去理解他人的人生。不看重自己，把自己完全抛开，自己就是角色里的那个人。大人物也好，小人物也罢，能完全理解角色的人生，去为角色活一遍，这就成了，他的艺术生命就成了。”

老艺术家的话赢得了热烈掌声，我在荧屏外也由衷感叹，老人家说的是一个演员的进化过程，对我们的生活也大有裨益。

不只是演员，我们每个人大概都要经历这样一个过程。

来到这个世上，我们最先得到的身份是孩子，这个身份是相对于父母而言的，这个角色从一开始的被养育到慢慢地受教，再到可能的对抗、纠正，到一步步变得独立，一步步由接受变为相互回馈。

年幼时我们更多的是在接受父母的给予，我们在接受中慢慢成长，变成熟，而父母在付出中变老迈，然后我们开始给予父母，父母变得像孩子一样渴望照顾，甚至有时会“蛮不讲理”。

在这个角色轮回中，从开始的盲目索取，急于证明自己，到明白自己到底是谁，应该做什么，这是一个人的角色演变。

在工作当中，无论是领导还是同事，彼此都需要互相协作。我们与同事既是合作伙伴也是竞争对手。

开始时，我们急于证明自己，甚至把同事当成假想敌，拼命超越同事。这个过程中我们会遇到各种各样的办公室人际关系，从而在矛盾与纠纷中渐渐成长，掌握职场生存法则。

之后意识到协作更有利于自己取得良好成绩，如何让同事支持自己，让上司信任自己，让工作变得更加简单，最根本的是把精力放在自我身上，学习，提升，超越，而不是把过多的精力放在同事之间的钩心斗角上面。

当你彻底沉下来，工作反而没有了羁绊，这时你会发现工作顺风顺水，业绩不断提升，升职加薪的机会随之而来。

再之后你的角色从被考查者成为决策者，作为领袖和榜样引导后来者，释放自己。

这是职场中的角色转换。

在人际交往中，刚开始接触时，我们会注意对方的性格喜好，会寻找与对方最佳的相处之道，甚至讨得对方欢心，希望给对方留下美好的印象，让自己成为一个人缘好、处处受欢迎的人，所以急于跟每个人都保持友好的关系。

之后我们会发现：在这个交往范围内，我们真的跟某一部分人性格不合，志趣不投；而跟某些人在一起时，有聊不完的话题，有共同喜欢的事物，甚至开始有共同的秘密。这个时候，自己知道自己喜欢他们，愿意与他们交往，希望和他们成为好朋友，而不是为了刻意逢迎讨好。

这是在交友过程中的角色转变。

事实上，我们还有很多被生活赋予的角色，如果你仔细观察就会发现，如果你要真正找到一个最佳状态，实现最美好的愿望，一定会经历这样一个角色转变的过程。

在所有的过程中，都有一个关键环节，就是找回自我。以真正的自我面对父母家人，面对朋友爱人，面对上司同事，就能让内心逐渐强大起来。

这里还要说说那位我崇拜的美国传奇人物Ellen ，我还是忍不住想分享她关于自己人生演变的一番精彩演讲：

……

当我从学校毕业时，我完全迷失了自我。我当时没有任何的野心，不知道自己想做什么。我什么工作都做，挖生蚝，当带位员，做酒保，做服务生，刷房子，卖吸尘器……完全不知道自己想要做什么。我只想随便找个糊口的工作，过一辈子，能有钱付得起房租就行。我完全没有任何计划。真的，当我像你们这么大的时候，我真的以为我了解自己，但其实我不了解。举例来说，我像你们这么大的时候，我还在和男人约会（Ellen在1997年向公众公布了她是同性恋的事实），所以我的意思是当你们再长大些后，大多数的人都会是GAY（同性恋）。（大家笑，她自己也笑了。）总之，我不知道要干什么，而最后我找到了我的人生目标，却是因为一件十分悲惨的事。

那年我19岁，当时的女朋友因为车祸身亡，我经过了事故现场，却并不知道是她，还继续往前走。不久后，才知道那是她，我当时住在地下室公寓，没有钱，没有暖气，房间里到处都是跳蚤，我困惑不已，心里在想：她为什么突然走了，而我又呆在这样一个境地里？我无法理解，但其中一定有什么理由，要是能直接拿起电话打给上帝问个清楚就好了。于是我开始写一些东西，心里涌现出一段我和上帝的对话，虽然只是我一个人的独白。

当我完成它后，我阅读了这个剧本，对自己说，我要在“今夜秀”上和强尼·卡森一起表演这一段。强尼·卡森是当时主持届的天王，我对自己说，我要成为该节目史上第一个被邀请和强尼一起坐下来采访的女性。

数年之后，我成为这个节目史上第一位也是唯一一位被邀请坐下来和他一起访问的女性。

从此我开始做单人脱口秀，做得很成功，但也很辛苦，因为我想讨好每一个人，同时又守着我身为同性恋的秘密。我想人们要是发现了这个秘密，就不会喜欢我了。后来我又有了自己的喜剧，也很成功。事业上取得了更大的成功，我于是更担心了，要是别人发现了怎么办？是不是不会看我的节目了？

我一直带着羞耻和恐惧而活，最终我还是决定，我再也不能那样活下去了。于是我公布了我是同性恋的事实，不是为了什么政治原因或是其他，只是为了让我自己从一个背负许久的沉重枷锁中释放出来，我只是想要诚实。我想，不会有更惨的事发生了，难道会失去我的演艺事业吗？结果，我真的失去了。我的节目在做了6年后，没有告知我就停播了，我读了报纸才知道。我家中的电话三年没有再响过，没人愿意找我做节目，没人愿意接触我。

然而，我收到了想要自杀的同性恋孩子的来信，他们因为我的出柜而最终没有自杀，我才了解到，我在这个世界上是有目的的。那曾是一段痛苦的日子，我很愤世嫉俗，很难过。后来有人找我做脱口秀，制作公司想要卖出节目，但大多数电视台不愿意买。当我回想起这些往事的时候，我一点儿也不想去改变什么。即使失去一切，我意识到，最重要的事是对自己诚实。我的选择令我在今天活得自在。没有恐惧和秘密，我知道一切都是好的。因为无论如何，我知道自己是谁。对我来说，生命中最重要的事是活得诚实。

别逼自己去做不真实的你，要活得正直，有怜悯之心，在某些方面要有所贡献。因此，我的结论就是：追随热情，忠于自我。绝不要追随别人的脚步，除非你在森林里迷了路。所以我的忠告是，做真实的你，一切都会没事。

所以，当你找到真正的你时，你就会优秀起来。

成为自己喜欢的样子

很多人都有过这样的经历，就是中学毕业时，买来各种各样的同学录请同学们在上面写上人生寄语。大多数的人会在这即将离别的时刻对过去几年的同窗生活作一个总结。当然，这些话平时大概是听不到的，特别是座位相隔很远的某同学，也许几年下来没有说过几句话，可是在同学录上，他会告诉你，在他的位置上看到的你是什么样的，那种感觉很特别。

中学毕业时，我也毫不例外买来精美的同学录请同学在上面写下毕业祝福。但同学们在印象栏中留下的关键词着实出乎我的意料——冷漠。而且不光平时说话很少的同学这么写，相熟的两位朋友，她们也认为我有时比较冷漠。

这在当时的我看来是相当不可思议的，我从未想到“冷漠”这个词会与我有关。一直到若干年后，我仍然对这个评价“耿耿于怀”，我不断地反思为什么我自己认为是热情友善的人，却会给别人留下“冷漠”的印象。我以为他们会认为我是一个特别热情的朋友。可事实完全相反，这太让我苦恼了。

这让我从那时就知道人对自己的认识，与他人看到的样子可能是不一样的。但是我并不打算探寻其中的原因，究竟别人的判断是不是客观，也很难说。我认为对个人来说，最重要的是他自身所喜欢的自己是怎样的。

有一句话，“世界转一圈，又回到了原点”。在跨越了多个领域，尝试了很多角色之后，问自己一个问题：你喜欢的自己究竟是怎样的？

这个问题看似是一个问题，实际上却是两个问题，需要两个答案。为了确定这个问题的最终答案，我们先挨个回答以下七个问题：

你喜欢的自己究竟是怎样的？

你认识自己的依据是什么？

你由此对自己的定位是什么？

你的希望与目标是什么？

你最终想要成为一个什么样的人？

你如何确定这能让你更好地面对世界？

你喜欢的自己究竟是怎样的？

首先，你喜欢的自己究竟是怎样的？或者是你认可的自己是怎样的？有人认为自己是一个说话直来直去的人，有人认为自己是一个没有心机的人，有人认为自己的专业知识很扎实，有人认为自己在工作中有很不错的执行力，有人认为自己很容易心软，有人认为自己非常爱护小动物，有人说自己是个善良的人……这是一个简单的自我认定，接下来我们要根据这个答案再问自己一个问题——你认定自己的依据是什么？

比如，我认为自己是一个理智的人，这就是我所喜欢的自己，我认可的自己。要问我这样认为自己的依据，我想人的自我认知离不开参照的对象，我观察我生活的圈子，与我同龄的朋友们暗暗比较，然后觉得自己相对成熟冷静，在朋友圈里常常扮演那个拿主意的角色。而我认为这一切是因为我比较理智，别人愿意听听我的意见和建议。如果让我对自己在工作上做出一个定位，我认为我是一个更适合从事独立工作或组织工作的人，因为我有足够的理智承担任务和面对挑战。

可能到这里有人会说，那些喜欢小动物，认为自己很善良的人，该如何给自己一个定位呢？难道要去做义工吗？当然不是。实际上，这是一个很宽泛的问题，我只能说那样的定位是对自身的认识不够清晰。比如一个认为自己适合从事律师工作的人，你让他说一说为什么有此认为，很有可能就是他逻辑性强，口才好，富有正义感等相关的优势。这就是关联性，对内心及自身认识的关联性。

不过也不能排除有人就是将自己的理想和实际生活分开了，所以我们继续下一个问题——你的希望和目标是什么？我的希望大概是在自己所感兴趣的方面取得不错的成绩，这是一个比较实际且可行的目标。

而最终想要成为一个什么样的人，我想来想去，就是成为一个能够给别人带来积极影响的人。我确定这能让我更好地面对世界，因为我认为每个人都需要正面的力量，而我就是要传播这个“正能量”。最后，我喜欢的自己是什么样的人就成为什么样的人是我的心愿。

我得说这七个问题其实主要目的就是回答一个问题，就是你喜欢什么样的自己。你希望自己成为一个什么样的人，这是一个需要不断论证的过程，正如我一开始喜欢的自己是一个理智的人，不管我的依据是否充分，这是我内心的自我认知，自我暗示。而后我给自己的定位是确定自己的能力，我再次肯定了自己所认可的样子以及能力，这包含着我对自身所认可的方面给行动力提供的能量是否足够的检验，即我认为自己的理智可以很好地达成一定的目标。但有一些人没有真实地认识自己，在认可和定位上南辕北辙，导致内心和行动力的错位。如何让内心变成行动力的强大后盾呢？接着我说出了具体的现实目标。

以上算是七个问题的上半部分，一些定位不明晰的人也不必着急，接下来的三个问题是反推回去，确定好你的具体目标，让我们反过来向内心进发。

结合具体目标，比如我想在文字方面有所建树，那么在想成为什么样的人的时候，我会不由自主地由具体的目的去升华这个答案，就是想用文字给人带去积极的影响。

接着如何确定这个目标和升华的想法能够被世人接受呢？我认为人们都需要积极的力量，而我就是要散播这个正能量，这是我由他人及环境需求而对内心施行的鼓励与暗示，我不仅自身认可自己，同时我也应当是被需要的。这其实也是每一个人大同小异的愿望之一，那就是能够获得外界的认可。

最后，回归内心的问题再次出现，你所喜爱的自己究竟是怎样的？这里的答案就是升华以后的了，不再是单独内心的所想，而是经过分析自我能力、自我目标，以及与外部的联系等论证出来的。

我们从一开始对自己某一方面的肯定，最终要成长为一个有自我实现，以及被别人认可的人，这是一个确认的过程，也是内心成长强大的过程。

本色是一个人最大的魅力

世界是一个舞台，每一个人都在这个舞台上尝试各种角色；人生像一场电影，每一个人都在孜孜地寻找着自身角色的表现机会和最佳状态。生活里的每个人都像是赶场的演员，在各种关系、各种身份、各种情境中穿梭，品味生命的酸甜苦辣。

我们该如何在各种角色的转换之间保持与内心的联系，不迷失自我呢？我们又如何在外在和内心之间寻找出一个行动力的平衡点？我们如何去表现自己，对待他人，以达到内心的期望，并让别人认同自己？是一味地曲意奉承，还是坚持己见不轻易妥协？是矫饰伪装还是直来直往？

不记得在哪里看到过这样一句话：一个人要想集他人所有的优点于一身，是最愚蠢、荒谬的行为。

可是我们常常不经意地就做了这么愚蠢的事情。如果没有看到自己，大概可以看看身边的人，明明本身已经具备了不少优点，可是却并没有想过要把自己的优点放大，甚至忽略了这一点，反而想尽办法地去研究其他人身上的优点，渴望把他人的优点全部集中到自己身上，可这样做的结果不仅不能使自己成为“完美无缺”的人，反而由于刻意模仿别人而把自己原有的优点和优势也丧失殆尽。

有一个成语叫“舍本逐末”，说的就是这个道理吧。一个人，如果能把自己固有的优点发挥到极致，是完全可以做出一番事业的，这个事业可能很大也可能不是很大，但无论如何，要比一味去艳羡别人、模仿别人好。都说模仿就是死，可见模仿来的东西只是肤浅的，没有真正的内在支撑，我们最终将毫无成就。

所以我们要明白，坚守自我，保持自我的本色，充分利用好自己的优势是成就自我的根本。大概可以这么说，那些总是为平庸的生活而苦恼的人，往往都是因为试图把自己放进一个并不适合自己的生活模式里，连自己都是拧巴的，怎么会有美好的结果？所以说，那种集一切优点于己身的想法是最不切实际、最荒谬的想法。

“你是这个世界上全新的人，从开天辟地到现在，没有哪个人完全和你一样，以前没有过，现在没有，将来也绝不会有另一个人完完全全跟你一样。”

当你呱呱坠地，带着你的遗传基因，带着上天赋予你的一切来到这个世界上，你就是一个新鲜的生命。你唯一需要的是，经过经验、环境以及家庭培养造就独一无二的你。不管好坏，都一定要去创造一个属于你自己的未来；不管好坏，都一定要在这短暂的生命旅程中留下你自己的足迹。

上帝赋予每个人的都是与众不同的，除了你自己，没人知道你到底能做什么。所以，你就是你，不管好坏，都要保持自己的本色。

本色可以让一个人保持在最舒服、最放松、最自信的生活状态中，这种状态可以最大限度地激发一个人的自身能量，甚至可以让其超水平发挥，做出一番大的成就。要想保持这种本色，实际上就是把握自己的个性，认识自己的缺点，发现自己的优点，把自己的独特个性和优点充分地发挥出来。

这里要讲这样一个故事：

有一个爱唱歌的小女孩，她梦想成为一名歌唱家，历尽艰辛，勤练唱功。可惜她长得很丑，脸很长，嘴很大，牙齿突出，如此一来，在当下帅哥美女大行其道的歌坛，她想唱出名堂看似是不太可能的事情。

开始，她只是在娱乐场所驻唱，第一次在众人面前公开演唱时，她一直试图把上嘴唇拉下来以遮盖住牙齿，以为这样能掩盖住自己的缺点，让自己看上去好看一些，但结果却适得其反，这样做不仅没有让她更好看，反而使得她的样子滑稽可笑，出尽了洋相。

她开始对自己失去信心，认为自己注定要失败。就在她快要放弃梦想时，一个听过她唱歌的人，看出她很有歌唱天赋，便十分坦率地对她说："我一直在观察你的表演，并且看得出来你在刻意掩饰自己某方面的缺陷，你是不是因为对自己某方面不满意，所以在刻意掩饰什么？"

女孩显得非常窘迫，不知道如何回答。这位男士接着说："如果你想唱歌给大家听，那么唱歌的时候就放开自己去歌唱，用你的声音和心去唱，不要想其他的东西，只有当你自己沉浸在歌声里的时候，观众才会跟你一起沉浸其中。”

女孩接受了这个忠告，不再刻意去关注自己的牙齿，演唱时全身心地投入，张大嘴巴，热情欢快地歌唱。终于，她成为歌唱明星。现在反而有很多人会去模仿她。

我们经常忽略本色对于个人的意义，以为所谓的十全十美才会受人欢迎，殊不知，当我们放开自己，展现真正的自己，以本色出现在众人面前时更有魅力。

从根本上说，我们每个人都具有这样或那样的潜力，不该再浪费时间一味地去模仿他人。

在生活中，不遇到我们不愿意接受的事情，那是不可能的。要处理好不愿接受的事情，实在是对一个人内心的考验。是迎难而上，还是放下内心的真实想法选择妥协？是勇敢地走自己的路，还是忽视内心的感受追随他人的脚步？对内心选择回避，对外在选择遮盖，我们站在这两者之间的灰色地带，越来越面目全非。

本色还意味着做人的原则，人们都乐意与一个对自身有严格要求的人交往。

有人说，这个世界毫无公平可言，甚至规则也是骗人的。我认为公平不在世界，而在人的内心，规则更是如此。一个本色的人，往往需要将自己的内心和行动保持一致，才能升华出坦荡的魅力。

蕾在一家公司供职，工作能力一直备受称赞，但由于人事上的调配，蕾突然被调去负责与专业不相干的工作，这让蕾有些为难，她去找人事，被人事告知是因为领导有一个亲戚要进来，而领导的这个亲戚想做的就是蕾原先的工作。人事经理十分同情蕾，告诉了蕾真相，但希望蕾别把她供出去。

蕾有苦难言：想要去找领导，但是怕连累同事；想要换工作，但似乎又不确定自己的能力，还有对新环境的恐惧。可是对新的工作蕾实在没有兴趣，加上情绪的波动，导致她的工作质量和效率有所下降，甚至受到了上级的批评，这一切都让蕾觉得世界一下子暗了，她喘不过气，只想躲起来，逃避内心的挣扎和外在的压力。

你可能和蕾一样，明明做着一份并不感兴趣的工作，却不愿做出改变。

这时你要问一问自己，你为什么不感兴趣呢？你是不喜欢，还是嫌工资低？

如果是不喜欢，那就趁早换一个，时间宝贵，我们不应该浪费自己和单位的时间，不要担心找不到感兴趣的工作，多尝试几次就可以，总比浪费自己的天赋好。

如果是嫌工资低，那么就努力工作用实力证明自己的价值；如果是因为不公平的待遇，那就马上去争取，找老板，换工作，都可以的！

只要你确信自己有能力，知道自己要做一些事，那就一定要去做。人活着就是为了合理地满足自己的需求，并践行自己的原则！

而不能够表里如一地行动，哪怕是再缜密的计划也难以实现。

只要你表达出足够的坦荡与诚恳，一定会有人愿意伸出援手。人们大多乐意帮助那些真实的人，而非野心勃勃或是坐以待毙的人。因为本色的人更真，所以人们更愿意与他们合作。

相反，一味地揣摩他人，掩饰自己，就会变成职场乃至生活中的小灰人——领导不知道你在想什么，同事不知道你在干什么，朋友聚会忘记你，甚至你的爱人都不知道你的理想。

不要回避内心的想法，更不要因此逃避外在，不是避开了这两端，你就可以避开所有的矛盾，相反，以本色面对一切，你的人生会迸发出与众不同的光彩。本色是修炼强大内心的重要一课，是基础，这个基础的修行意味着自我认知的不断清晰，自信的提升，勇气的增加。

自我肯定的行为可以增加一个人选择的自由度。当一个人拥有选择的自由时，自尊、自重的情感会取代压抑、委屈或愤怒等伤害人的情感。

在讨论自我肯定时，我们十分注意一个人是否自尊自重。以真诚的方式表达自己，得到自尊与自重，同时也能尊重别人，才是自我肯定的真谛。我们可以在生活中学习自我肯定的行为，以便有效地处理人际关系。

1. 自我肯定的方法

自我肯定有如下表达方法：

（1）描述情境。

（2）表达情绪。

（3）提出意见。

（4）征询讨论。

简单地说，自我肯定需要坚定的原则与温和的表达。

在自我肯定的行为中，非口语部分中包含：目光温和地接触，脸部表情放松，声调坚定平稳，说话流利，保持适当距离，姿势适中，语气肯定。在口语部分包含：练习说“不行”“不要”“我不喜欢”等这些话，以平稳的方式叙述自己的感受与意见，并学习事实、感受、期望、讨论四者兼具的表达方式。

2. 自我肯定的时机

那么自我肯定要选择怎样的使用时机呢？

（1）有人请你帮忙，你心中不乐意，却不知怎么拒绝时。

（2）有求于人，又不知从何开口时。

（3）经常一个人埋头苦干，不愿意求人帮忙时。

3. 自我肯定的要领

当然，自我肯定也要把握一定的要领，你至少要做到如下几点：

（1）温和，但不羞怯，因为你对自己有信心，重视自己的价值。

（2）坚持，但不顽固，因为你认为重要的原则，即使在家人或外人的压力之下也不能改变。

（3）关怀，因为你重视别人的权益。

（4）表达清楚，声调、姿势、态度都能让别人清楚感受到你所要表达的内容。

（5）勇敢，因为你不会畏惧压力或嘲笑。

（6）满意，因为你能在各种环境中维护你的权益，且不去侵犯别人的权益，双方都满足。

（7）有自我价值感，通过与人平等交往，自己能从别人的尊重中更加重视自己的价值。

不拒绝改变，不远离自己

在追寻“本色”的路上，容易陷入一个认识误区，这个误区就是，一个以本色示人的人即一个能够彻底贯彻内心真实想法的人，是一个坚定的、毫不动摇的人，由此他取得了人生的成功，所以，想要成功就应该是一个“一成不变”的人。这种认识是不准确的。

确实，一个人能找到自己的“本色”，起码是一种成熟的表现，因为那意味着这个人实现了内心和外在的统一，外在与内在是相当和谐的，这一类人内心也的确很强大，轻易不为外界所动，他们能够坚定内心所想，制订可行的计划并适当地行动。

其实，坚持本色并不意味着“一成不变”。

美国妇女翠西在一家24小时便利店做晚班店员，她态度亲和，做事一丝不苟，以认真负责为荣，颇受好评。

有一晚，气温骤降，风雨交加。便利店门口来了一名乞丐，破旧的衣装，脏兮兮的脸，但一双眼睛亮晶晶的，他眼巴巴地站在玻璃门外看向店内。店里比较暖和，没有风雨，且夜里也没有什么客人……可是便利店有规定，不允许这类“游荡者”入店，违反的人会被罚一周的薪水，因而值夜班的男搬运工杰克坚决反对乞丐进来。

翠西也一直都遵守店规，乞丐最后只得窝在便利店外窄窄的屋檐下躲避风雨。

杰克码好货后就去睡觉了，留下翠西一个人在店内值班。过了一会儿，翠西打开门，请乞丐进来，并准备了一杯热咖啡和一个热的三明治。

后来翠西的行为被便利店内的监控录了下来，翠西受到了责罚，她一个礼拜的晚班薪水都没了，并且被店内记过。

这个世界不为某个人而单独存在，因而每个人都有他对这个世界的看法，如此一来，遇到与自己内心的原则相冲突的事情并不奇怪。

对翠西来说，她所珍视和坚持的工作荣誉就面临着挑战。风雨交加的夜晚，一个乞丐站在店外，但是店内有规定，不允许乞丐进入。并且同事也不同意，还有一些出于安全方面的考虑，更别提她一直以来的优异表现了，但是翠西仍然选择悄悄放乞丐进入店内，并提供一些简单的食物。

结果她不出意外地受到处罚，但这是翠西的选择，翠西并没有怨天尤人，她认为她如果不那么做，内心会受到良心的谴责。

可见，本色不是一个标准，更像是一种本领，在内心与外界规则间不断寻找平衡点，减少两者的摩擦，但这没有规律可循，也不是一劳永逸的事情。在一种情况下坚持的“本色”，很有可能在某一天的另一种情况下就变成了一种墨守成规的迂腐，甚至是错误。这个时候，我们的“变通”实际上才是对内心的坚守。

当生活当中遇到了不公平的对待，你是否留意到自己的内心原本的坚持出现了“错位”？是否因为自己遭受不公而对第三方也不公平对待？打个比方来说，一个快意恩仇的“本色”之人，当他遭受到不公，在他的“本色”理念中是要有报有还，那么他是否会做出一些偏激的行为呢？

相传玄奘法师在赴西天取经的路上曾遇到一个受伤的路人，玄奘法师邀请他骑上自己的马，谁知那个路人上马后就策马而去——抢走了玄奘法师的马。玄奘法师一路向人描述、打听那个路人，有人便对玄奘法师开玩笑说见过，玄奘法师便诚恳地请他代为转告一句话：不要将白马的事告诉别人。

此人很奇怪，便要求玄奘法师说出事情的原委，否则就不会向那人转告。玄奘法师只好说出白马被抢的事情。

那人听后更加纳闷儿了：“明明你的马被人抢了，为什么你反而要请对方不要声张呢？”

玄奘法师说：“他抢走我的马的时候很得意，我担心他说出去以后会带来不好的影响，别人就不敢在路上帮助其他人了。毕竟不是所有的人都是这样（抢马）啊。”

假如你的竞争对手需要帮助，你会在力所能及的情况下伸出援助之手吗？曾经嘲笑你的人遇到困难，你会反过来嘲笑对方吗？可能竞争对手在渡过难关后依然会来压制你；即使你不去嘲笑那些曾经鄙视你的人，对方依旧轻视你。可是，哪怕我们有千万个理由拒绝救助，嘲笑对方，但是我们真的愿意这样做吗？

玄奘法师在坐骑被抢后，他可以去报官，可以去提醒别人不要上当受骗，但是在他的内心却把这一切都放下了，他的内心是仁慈的，他关注和看重的是人世间的善举不要因为自己的遭遇而减少。

如果我们转回头问翠西这样的“改变”值得吗？她其实会很自豪地说：“我没有改变什么，我就是在坚守我的内心。”

跟在别人后面走，下场也同别人一样。对于每一个人来说，凡事要有自己的主见，要学会自己拿主意，坚定自己的立场，相信自己的力量，不要因为他人的评价而放弃自己内心的想法，不做别人毁誉的“奴隶”。

一场多边贸易洽谈会正在一艘游船上进行，突然发生了意外事故，游船开始下沉。船长命令大副紧急安排各国谈判代表穿上救生衣离船，可是大副的劝说失败了。

船长只得亲自出马，他很快就让各国的代表离开了游船。大副惊诧不已，船长解释说：“劝说其实很简单：我对英国人说，跳水是有益健康的运动；对德国人说，那是命令；对法国人说，那样做很时尚；对俄罗斯人说，那是革命；对美国人说，我已经给他上了保险；对中国人说，你看大家都跳水了。”

这则笑话可能有些夸张，但中国人喜欢盲从的特性却显露无遗。

盲从是一种可悲的行为。很多人都有跟风、从众心理，这在心理学上被称为“同类互比”，即人们为了达到其理想的生活目标，随时都需要了解自己的现状，尤其需要了解自己在社会上的位置。当缺乏判断信息的标准和有效方法时，就常常通过与他自认为同类的人进行比较，以此来确定自己的现状、社会位置以及应采取的行动。

同类互比，是个人设置的一个陷阱和圈套。成功者永远只是少数，人一旦选择了跟风、从众，往往就意味着选择了失败。

王小波有一篇文章非常值得一读，篇名为《一只特立独行的猪》，相信读过之后，每个人都会喜欢上那只猪，因为我们身上欠缺“它”所拥有的一些特质。希望每个人都能看清自己，做一只“特立独行的猪”。

真正认识自己的人，才是最有力量的人

苏格拉底说：“一个能够正确认识自己的人才是最有力量的人。”

内心越强大的人，其内心越安宁。人在向世界迈出第一步之前，首先就要认识到自己有多大的力量，可以走多远，可以跳多高，并搞清楚自己要做什么，能做什么，想做什么，需要做什么。

在生活中，我们与他人相处时，也会具体地表达和表现自己，而这一切反过来，又回馈给内心，以帮助内心的成长，促使我们变得强大。

当一个人找到了与自己的相处之道后，他就会格外清楚自己的能力、不足，就会合理地制订自己的目标，就不会盲目冲动，不会自负，也不会自卑，他会客观地从自身出发，去一步一步地实现自己的目标。这个时候，他的每一次发力都是精准有力的。

你是否真正地认识了自己？

真正的自我是在不断蜕变的，可能是往前也可能是往后。一个初出茅庐的新人在碰壁之后可能会变得谦虚谨慎，也有可能变得牢骚满腹。之所以出现这种情况，是因为前者适应了环境，增长了自己的见识；而后者可能充满抱怨，开始抱残守缺。

人应当有适当的自我鼓励，这种鼓励是我们要学会用鼓励信任的目光看自己，鼓励自己勇敢尝试和行动，信任自己所作出的选择。在实际生活中，我们与他人交流、交往，自信有礼的举止可以帮助我们增进与他人的友谊；反过来，我们过于自负，则容易陷入自吹自擂中；过于自傲，则不利于与人交流；若我们自怜自艾，则容易给人留下难堪大任的印象。

一个年纪四十多岁的保安，在一个高级小区站岗站了快二十年。有一天，小区一位业主匆匆送来一个贵重包裹拜托刚换了班正要回家的保安代为看管，保安起初不同意，但经不住业主的哀求，最后保安只好对业主说："我可以帮你看管，但是我有一个要求。这个要求就是，你把我和包裹一起锁在门卫室里。"

业主有急事，虽然不解但还是照做了，之后便匆匆离去。

大概过了三天，业主才从外地赶回来，他发现保安在此期间从未离开过屋子一步，他想感谢保安，但是保安淡淡地一笑走了。

保安走后，有其他人告诉这个业主："那个保安年轻的时候在工厂里看仓库，好像偷过东西，你看看东西少了吗？"

业主一愣，接着就坚决地说："没有，什么也没有少。"

这个业主明白，保安是用行动来证明自己对他的信任是正确的，即使他曾经犯过错误。

保安知道自己的过往会让别人对自己产生不信任，甚至可能自己好意帮忙还会惹来种种非议和怀疑，可是他并没有因为怕不被信任而拒绝帮助业主，而是选择一种自己认为比较妥当的方式，帮助了业主。

如果内心不够强大，如果对自己不是非常的信任，可能他会敏感地认为锁住自己就是对自己的不信任，还把自己当成小偷，他为什么还要帮助这样的人？

可是保安对自己有足够的信任，他是用这种方式告诉他人和自己——他是一个值得信任的人。可见，只有真正认识到自己的缺点，真正知道问题出在哪儿了，才能让内心强大起来。

一个内心强大的人其实是一个有自己独特思想体系的人。因为他对这个世界有着自己独特的看法，这样的人不会轻易被他人左右、影响、动摇，他能从始至终坚守一个本色的真我。

在这个世界上，每一个人都有着不同的生活经历、不同的知识体系，因而视野和立场就会不同，对这个世界的认识和理解就会不同。没有人能够把这个世界上的一切都完美地纳入自己的内心，也不可能完美地接受并理解一切。有时候我们甚至觉得这是个人的“偏见”。

这里的“偏见”不是偏激的见解，而是指一个人独特的思想，对世界、对社会，对人生有一整套自己的看法，也就是独特的思想体系。

通常，我们用信念这个词来代表一个人的思想核心，因为信念就是一个人的内核，如果内核不够成熟稳定，那么说明这个人的内心是飘忽不定的，精神世界混沌一片，今天是这样的想法，明天是那样的想法，对自己想要什么，想过什么样的生活，没有任何主见，不知道自己是什么样的人，交不到真心朋友，得不到他人的信任，找不到真正的幸福。

那么信念对于一个人来说，究竟是什么呢？其实它就是你的世界观、人生观和价值观。你怎样看待这个世界，你怎样看待生命的意义，这些东西共同组成了一个人思想的内核。

在这些信念的支配下生活、交友、工作，担当社会中的各种角色，形成你的风格，树立你的形象，最终形成你的完整人格。这样一个由内到外表里如一的人格完善过程，会让你表现得始终如一，坦诚坚定，会让你成为一个内心强大的人。

这样的人，真正地认识到了自己，不会把自己看得很高，也不会把自己看得过低，能够与自己和他人坦然相处，爱人时毫无保留，孝顺父母尽心尽力。一个对自己和他人都坦诚的人，他一定是一个独特的人，而这种独特则来自于强大的内心，这样的人，才是最有力量的人。

唯有真正认识了自己的人，才能用最恰当的方式释放自己，他们不会做出格的事情，也不会畏缩，他们选择自己的道路，不后悔，大踏步地向前走。这是内心强大带来的最强有力的动力。

有一个女孩，从小就特别敏感而腼腆，她的身体一直太胖，而她的脸使她看起来比实际还胖得多。

女孩有一个很古板的母亲，这个古板的母亲居然认为把衣服弄得漂亮是一件很愚蠢的事情。她总是对女孩说，“宽衣好穿，窄衣易破”，并按照这句话来帮女孩选择衣服。于是自卑的女孩自上学以来就不和其他的孩子一起做室外活动，甚至不上体育课。她太害羞了，觉得自己和其他的人都不一样，完全不讨人喜欢。

长大之后，女孩嫁给一个比她大好几岁的男人，可是她的性格并没有改变。她丈夫一家人都很好，也充满了自信，她尽最大的努力要像他们一样，可是她做不到。他们为了使她开朗而做的每一件事情，都只会令她更加退缩到她的“世界”里。她变得紧张不安，情形坏到甚至怕听到门铃响。她知道自己是一个“失败者”，又怕她的丈夫会责怪，所以每次他们出现在公共场合的时候，她假装很开心，结果常常做得太过分。事后，她便会为此难过好几天，最后不开心到觉得活下去也没有什么意思的程度，她开始想到自杀。

后来，是什么改变了这个不快乐的妇人的生活呢？只是一句随口说出的话。然而这句话，改变了她的整个生活，使她完全变成了另外一个人——一个快乐、自信的人。

有一天，她的婆婆谈起自己怎么教养几个孩子时这样说道：“不管事情怎么样，我总会要求他们保持本色。”

“保持本色！”就是这句话！一刹那，女孩发现自己之所以那么苦恼，就是因为她一直在试着让自己去适应一个并不适合自己的角色。

女孩后来回忆道："在一夜之间，我整个人都仿佛改变了，我明白我应该保持本色。我试着发掘我自己的个性、优点，尽我所能去学色彩和服饰方面的知识，以便找到适合我的方式去穿衣服。我主动地去交朋友，并参加了一个社团组织——起先是一个很小的社团。他们让我参加活动，虽然当时我很害怕，可是我每一次发言，就增加一点儿勇气。今天我所拥有的幸福，是我从来没有想到的。"

世界上每一个事物、每一个人都有其特点，都有其存在的价值，所以这个世界五花八门，色彩斑斓。你也不必为了世人的目光而活着，生活是你自己的，你有权利把它打造成属于你自己的精致生活，而非其他人的。好好把握上天赋予你的这份独特的"礼物"，这是上天给你的标志，尽情地展示自己吧，享受上天赐给你的独有的幸福。

第 3 章

世界其实没那么复杂，一切伪装都是纸老虎

喜欢装的人大都缺乏自我认同，有自卑心理，他们刻意伪装的地方，也往往都是自己的“短板”所在。强大不是装出来的，伪装的强大只不过是一个表象而已。

真正影响你的看法的是你的内心

后宫争斗、职场上位、政治伐谋……无数令人看后感到心惊胆战的影视作品充斥在我们的生活中。这些影视剧虽然选取的题材各有不同，但他们的编剧和作者都无一例外是和我们生活在同一个时空的人。他们没有穿越，他们用另一个时代的道具，演绎的其实就是我们当下生活中的故事。

那些剧情让我们感叹不已，更为自己现实中的遭遇而唏嘘。不知道是因为这种权谋争斗的剧情看多了，还是现在的年轻人太早熟，明明二十刚出头，正是一个阳光灿烂的年纪，却总是摆出一副老谋深算或饱经沧桑的表情，感慨着“世风日下，人心不古”。在他们的眼中，看不到光明，看不到未来。

难道世界真的是这样吗？我们质疑，是因为我们真的不能确定。

同事间的钩心斗角，家长里短中的矛盾重重，社会交际中的力不从心……当下的生活，有时候确实让我们感到无助。眼前的这个世界像座巨大的老虎机，把所有走进他的人都吞进肚中，很难有逃出虎口另闯一片新天地的机会。于是城市中越来越多的人开始向往广袤神秘的青藏高原，希望能够在那片被宗教的虔诚和神圣浸淫千年的土地上找到理想中的快乐和归属，因为他们在钢筋混凝土的城市中，找不到这样的快乐了。

事实上，这恰恰是因为没有内心强大到用自己的眼睛去看清这个世界的缘故。有人在一旁钩心斗角，你就只看到了钩心斗角。你的世界真是这样的吗？

一个网友在自己的微博上写道：人生就像一个巨大的茶几，我们都是生活在茶几上的杯具。

这句话实际上代表了时下很多年轻朋友的心态——无论是工作还是家庭，甚至连感情在内，他们都觉得自己已经玩不起了。人情冷漠、功利主义泛滥，大家都像天生缺乏安全感的小动物，双眼警惕地盯着面前的世界——对帮助过自己的人刻意奉迎，誓将对侵犯过自己的人进行打击报复，那些与自己毫无关系的人则当作他人门前雪一般随意忽视。

人与人之间连最起码的交往都得当作一门“技巧”来系统学习，遑论其他那些让我们更加头疼的事情了。整个社会仿佛是一支巨大的莫比乌斯环，所有人都活在其中的悖论里，这样的世界确实让人难以舒适地生活，也很难让人找到人生的意义所在。

所以，近几年来，我们看到抑郁症患者数量的大幅增加和心理咨询机构接案率的不断增长。

因此，在大家眼中看到的好像是一个生了病的世界，在这种“生了病的世界”中，很多人的心态开始变得扭曲。到底是谁“病”了呢？

社会经济快速增长，生活压力骤然加大，这种时候人们的心理难免出现一些问题。而如何调节自己的心态，用正确的价值观和世界观去直面人生，这就需要我们强大自己的内心了。

我的一位信奉佛教的朋友曾经对上文中那个网友偏抑郁的言论作过一个论断：现实不是茶几，而是图表；我们也不是杯具，而是数据。所不同的只是数据对自身的看法：如果你把自己当作数据看待，那么你就永远是那些冷冰冰的数字和曲线，有没有都无所谓，反正会有新的数据补充进来；如果你把自己的数据当作是节点，那么你就是不可取代的，因为独一无二的节点会影响到整个图表的走向。

开始听到他这么说的时候，我一阵愕然，挖苦道："这哪像学佛之人说的话，分明就是一个炒股的人在分析K线图（股票走势图），没有禅机在里面不说，还让我听不出真正的用意。"

他无奈地跟我解释："这就是最简单的'一沙一世界'，好与坏要全凭自己去发掘——你心里所想到的，决定你看到的；至于这个世界，爱也罢，恨也罢，它一直客观地存在着。

经他这么一提点，我好像明白了点儿什么——每一个人眼中的世界是不同的，真正影响他们的看法的其实是他们的内心。

这个道理不难理解，比如学生，他们的学习成绩和动手能力是要通过考试和实际操作来检验的，但是学习不好或者成绩不见起色的学生要么厌恶、惧怕考试，要么直接对考试抱着无所谓的态度，激进者甚至对考试制度大加批驳，认为那是"毁"人不倦的万恶之首。

对于一个企业的普通职员来说，大概都有过声讨上司、反抗压迫的经历。身处基层，他们对黑心上司和刁蛮同事万分看不顺眼。

这些人都把外部因素看成了主凶，都抱怨自己是受害者。这恐怕就是我那位朋友口中所讲的“数据对自身的看法”。

然而，是否就像他口中所讲，世界其实一直在按照客观规律正常运行着，我们的不满和苦闷都只是不正常的心态在作祟，人为设定了个人境遇的无奈和不如意与外部环境之间的因果关系，所以才会生出对整个社会的不满和失望，最后不由自主地把自己当成了“冷冰冰的数据”，在人生的道路上越走越黑呢？

我觉得这是个“三七开”的问题，假如你把这个世界和社会看成是一个主体，好与坏构成了它的全部，同时有三比七的比例存在，而如何确定两者的归属则完全是你自己的事情。如果你认为好占七成，那么自然就会觉得这个社会和生活在其中的人都是美好的、圆满的；而如果你认为好只有三成，那么一切的存在就都没有意义了。

很多人开始不明白：怎么能出现这种情况？

那位朋友解释过了：数据。因为城市化，我们的一切行为似乎都变得可测量了，以为只要我们步入城市生活的轨道，我们也就会被迫走进了快节奏的生活。在这高速列车般快速运行的生活中，我们都要为了生存、为了家庭、为了自己的事业，集中力量去拼搏，必要时还得委曲求全，这使得本身就疲惫不堪的身心变得更加心灰意冷。到最后，就会习惯没有温暖只有数据的生活。其实这个世界没有冷待过任何人，是我们自己让内心变得冷漠了。

一个刚刚参加工作的朋友跟我说：有一回，他发现他们那个素来讨人厌的冷美人主管竟然穿着卡通短袖，站在书城地厅里看

《蜡笔小新》。仅须臾的工夫，他就觉得这位主管长得分外可爱，甚至还有几分小女人似的娇憨在里头。这样的心情在职场中他从未有过！

还有个职员说，当看见某个同事陪着一家老小逛商场时，内心莫名地涌出一阵暖流，对他的那股子嫌恶突然间就消失得无影无踪了。

其实，这些令人感到温暖的瞬间并非偶然出现的，每个人心中都有一块柔软的地方。不管是整个社会还是某个人，在一个人看来是多么不堪入目，但只要触动了他心中那块柔软的地方，他就会被强烈地吸引住。因为在所有人的内心里，大家都渴望能拥有这份感动。而这一切，只需要一双善于发现的眼睛。

事实就是这样，心中满是污垢，自然看什么都是肮脏的；心中存有光明，对一切都抱有希望和善念，那么眼前永远都会光芒万丈。当你的心中充满愿景，不用险恶去忖度别的人和事，对好的事情永远赞赏，对恶的事情不予理会，在无形中，你就拥有了一份强大的精神力量——最纯洁、最本真的力量。

这不是懦弱，也并非中庸，它不属于性格和术数的范畴，只是一种思维方式，却存在于每个人的心中。

任何形式的力都是相互的，你用无私和善良对待他人，他人也会用无私和善良对待你——付出什么，得到什么。

因为害怕，所以伪装强大

装，这是当下对那些喜欢表现自己、做作行为的一种统称。在我们当下的生活中，似乎有越来越多的人选择通过这样一种卖弄式的表演来彰显自身价值，从穿衣走路到行事作风，甚至人际交往，这些人行走在职场中，出现在校园内，无时无刻不被追捧，也无时无刻不被责骂。

而在应付人们对他们的各种装的反应时，他们采取了这样一种态度：面对捧，他们不理会，认为让对方下不了台就是变相地增加对方的气场；面对骂，他们同样不予理会，而是祭出睥睨一切的眼神。总之，都会让那些不善于装和反感装的人十分不舒服。

个人而言，我对这种行为非常不理解，因为总觉得这样做没有什么必要，反倒容易招惹是非。人情冷漠是形势所迫，但主动选择不让人接近终归不好，人心难测，也许你是无意，但却很容易到处树敌。

装，不只让周围的旁观者不舒服，事实上最不舒服的大概是其本人了。完全在一种做戏的状态下，神经紧张，要不断思考如何做出“装”的反应、表情，一旦走神或松懈就可能露出马脚，实在是一件技术含量很高、心理压力很大的行为。

那为什么还有那么多的人喜欢装呢？

我的理解是，对于装的人来说，装让他们实现了一定的目的，毕竟只有“收益”大于“投入”，人才会乐此不疲。

在一个极偶然的机会下，我曾以心灵辅导老师的身份参加了某大型烟草公司的员工心理辅导课程。当时他们的总经理穿着破旧的工作服，于百忙之中在车间的普通会客室里招待了我们。期间既没有秘书陪同记录，也未见招待人员上上下下地端茶递水。见我们的领队颇有不满之意，总经理便急忙解释，厂里工作非常忙，除了上级单位的检查组外，平时是绝少有外人进车间的。所以招待任务不但是轮休工人兼任，车间里竟连招待茶水也没有。而且似乎是为了印证这种说法，总经理还专门从柜子里掏出一个大大的搪瓷水杯，表示自己平时就拿这个东西喝些白水，并对“委屈”了我们这些专家表示歉意。

他这么表态，领队也就不好再说些什么了，也顺势说些客套话，赞叹他工作负责来缓和气氛，总经理委婉推却一番，但脸上却有几分得意之色。

正交谈间，有位老师发现了一些不妥之处：工作在卷烟车间里，这位总经理身上竟是一点儿烟草的味道都没有，却在我们的领队抽烟时顺手从衣袋里掏出了打火机——卷烟车间不准有明火！况且，他那双皮鞋也太干净了。

后来在和工人们闲聊的时候，我们得知这位总经理是个极好面子的人。不希望身为咨询师的我们对他个人作出什么负面评估来，这既关系他个人形象，更影响他的升迁，他当然不想搞砸，于是在我们面前演了一出“艰苦奋斗”的剧情。

“他嫌熏，平时连车间都不来！”几个工人愤愤道。

得知内情的我们不禁哑然失笑。

有时候，有些装是我们不太能够理解的，觉得这何必呢！有什么意义呢！可是对于装的人来说，他们却很热衷于此。

曾经有一个女性朋友，在开宝莱和开宝马的两个追求者中作选择。开宝莱的人不错，虽然经济实力不如开宝马的，但却真心喜欢她；开宝马的人肯定多金，但满肚子花花肠子，和她谈恋爱的同时，还同时和多名女性纠缠不清。身边的朋友都一边倒地认为此女一定会选开宝莱的人，但出乎所有人的意料，此女竟选择了开宝马的。

众友人不解：“这是为什么？”

此女无限向往地说：“每次我从宝马车上下来，都能从路人的眼神中获得一种满足感。”

众友人嗤之以鼻：“哪有那么多无聊的路人！”

就是这样，在装的人眼里，他有无数的观众，哪怕是路人，对他们也很重要，这是典型的精神依赖。从外在的因素中获得满足感，其实这是对自身不自信的表现，是自己的内心不够强大的表现。

因为很不理解为什么有些人要做“装”这种很没有意义的事情，所以会下意识地观察身边貌似有这种倾向的人和行为。

这样一注意，发现很多人都装过：装得很有品，装得很有派头，装得很有经验，装得很懂门道……

也有很多人被装过，自己被有意无意地当成反衬装的“道具”。

这样反思一下自己，再去看看他人，开始想一个问题：为什么大家要用装来获取关注呢？为什么人有时会不由自主地选择装呢？

我想，这大概是一种典型的面子心理在作祟，这些人觉得装能够让外界关注自己，有助于外界对自己有一个全新的、强势的印象，而空前强势的个人正面形象又可以为他们带来切实的好处。更重要的是，从内心深处来讲，装将极大地满足他们的虚荣心。

很多人经常会在独自一人的时候照照镜子，心情复杂地看着镜中的自己：为什么我的睫毛没有×××那么长？为什么她的小腿比我的细？为什么大家都喜欢×××？为什么他身边的女人都那么漂亮？为什么主管那么器重他？

很多时候，经常是一些没有什么实际意义的问题困扰了镜子面前的我们，从某个不经意间发生的事情，具体到某个被我们嫉妒的人，然后是没完没了的为什么。负面感情的不断累积，宛若遍地干柴，只要丁点儿火星，负面感情的柴火就会熊熊地燃烧起来，最后使人失去应有的理智。

在这个过程中，每个人的表现也是不同的。有的人会对任何事物都表现得极为敏感，变得心胸狭窄、阴暗善妒；而有的人则因为对自身弱势的恐惧，从而将所有问题都归结在自己身上，认为是自身的因素导致了今日的失败。于是迫切地需要包装自己，需要用装来挽回自己内心的失落，补上那个实际上并不存在的差额。

其实我们经常可以看到，喜欢装的人大部分都是缺乏自我认同、平时有自卑心理的人，他们刻意伪装的地方，也往往都是他们的“短板”所在，比如，个子矮的人喜欢穿修身的服装，希望自己在别人眼中身材颀长；对自己的长相缺乏信心的人，浓妆艳抹是她们的必修课。再比如，工作能力欠缺的职员平时都会表现得雷厉风行、效率奇高；那些不知道如何有效管理队伍的主管和领导们，在下属面前也经常是黑脸示人；找不到对象的男子和女子多会表现出一副冷若冰霜、不食人间烟火的样子。

这是一般的装，每个人或多或少都有一些。碰到此种，我们大可一笑了之，毕竟这种装大家都能接受，也无可厚非。但不要把装常态化，因为一旦它成为了个人生活的一部分，就会越来越远离自己的内心——潜意识里，这些人会把装出来的自己当作是真正的自己。

王海鸰在《中国式离婚》中塑造的林小枫和宋建平就是这种装心理下的牺牲品：夫妻俩原本平凡的小日子说不上有多富裕，至少算得上幸福。但仅仅因为老院长被食堂服务员的刁难气得急火攻心不治身亡，林小枫心中对平凡生活的恐惧被完全激发了出来。她感到自己这样的名校毕业生，虽然生活在北京，却始终被排斥在大都市的生活圈子之外，对甘于平淡的丈夫也日益不满，结果导致家中常年“烽火不断”。而当丈夫在她的支持下走向成功时，她又极其害怕丈夫将自己抛弃，于是性格越发的暴躁易怒，甚至发展到了跟踪检查、罗织罪名的地步。旁人以为她是个强势专权的一家之主，殊不知在林小枫的潜意识里，她依旧是那个缺乏自信、担心失去一切的女人。而丈夫宋建平更是让人扼腕，与人为善的翩翩君子，因为被肖莉半骗半抢地夺走了“正高”的职称而迁怒于对方，本想从了妻子的愿，却又在领导的一番“开导”下重新对官僚主义盛行的公立医院信心满满，认定自己是不可多得的人才。直到大获成功后，他依旧不敢认同自己真正渴望的东西就是家庭的幸福美满，最终只能选择离婚。夫妻二人在知足与不知足间逐渐迷失自我，臣服在恐惧的脚下，双双选择了装。这既是家庭的悲剧，也是城市人的硬伤。

很多人就是因为自己的高不成低不就，因为当初的欲望与眼下的现实没有达到统一，于是在极度失望下，想要通过装来武装自己，给别人以“我很强大”的假象。

然而，事业和家庭都真正成功的人，他们心中不会产生装这个概念，因为他们所表现出来的，就是自己能够拥有的。

我居住的小区里有一对夫妻。两人都曾经是国有企业的工人，在“改制”时被迫下岗。他们没有失望，也没有装作无所谓。两人潜心下海跑销售，经过多年的打拼，终于拥有了属于自己的企业。但这对夫妻却不愿因为成功而故意割裂过去的日子，他们依然生活在小区里，平时就和工人们一起在食堂里吃饭，外出谈生意还要买打折机票。从始至终，他们都保持着自己原先的生活方式，并没有为自己现在的身份设定不同的性格。这样的人，才是真正强大的人，他们的强大并非来自于外表，是来自于内心的知足。

“海纳百川，有容乃大；壁立千仞，无欲则刚”，真正的强大永远都不是装出来的。一个人，他所能表现出来的全部力量的源泉，应当而且肯定是来自于他那颗无比坚定的内心。

装是为了满足虚荣，而虚荣心是一种扭曲了的自尊心，是自尊心的过分表现，是一种追求虚表的性格缺陷，是人们为了取得荣誉和引起普遍关注而表现出来的一种不正常的社会情感。虚荣的害处人人自知，但很少有人可以看透。

李某和几个朋友一起喝酒，几杯酒下肚后，朋友和李某开起了玩笑：“瞧你这丑样，你那儿子倒很漂亮，莫不是你媳妇跟别人生的？”这本来是句玩笑话，李某却偏偏多了心。

回家后，李某就醉醺醺地向妻子找碴儿：“你说，我长的是啥样，为什么这孩子不像我？到底是不是我亲生的？”他边说边逼近妻子，冷不丁地从妻子怀里抓过孩子，把孩子扔到炕上，又顺手抓起枕头压在了哭叫不已的孩子的脸上，可怜的孩子顿时没有了哭声。

见此情景，妻子极力想救孩子，却被丈夫打倒在炉灶前。急恨交加中的妻子顺手抓起炉灶旁的炉钩甩向李某。只听“哎呀”一声，李某松开了枕头，慢慢地瘫倒在地上。

妻子从地上爬起来，不顾一切地向儿子扑了过去，急忙掀去枕头，看到儿子的小脸儿憋得青紫，已经奄奄一息了。再看丈夫，他倒伏在地上，一动不动，一股红色的液体顺着他的右腮淌下。原来她甩过去的炉钩的尖端，刚好嵌进李某一侧的太阳穴。

可以肯定的是，李某是一个虚荣心和自卑心极重的人，要不然朋友的一句玩笑话，怎么就当真了呢？

承认自己，坦白自己，直面真实的自己，就可以有效避免虚荣。当然，承认自己的不足，绝不是安于现状，而是要在正确评价自己的基础上努力去扬长补短。

让装的人唱独角戏，不配合是你的权利

任何精湛的表演都要有人捧才能红起来，装亦是如此。仔细观察那些喜欢装的人就会发现，他们做出的这些装的行为，通常是在大庭广众或者特定场所中发生的，很少选择人少且没什么功用的场所。

原因也很简单，无论是他或者她，都需要在这种地方用装来使自己获得关注，然后再用行动把这些目光全数甩开——装的出发点是为了争取正面评价。

这些人的目的就是要让关注他们的所有人尴尬，让人觉得不好受，而且还要在难受之余觉得他们挺孤傲、挺有本事、挺出淤泥而不染的，最终在手足无措中对他们留下难以磨灭的印象。

多数装的行为，会选择一个并不强势的发泄对象，理由也很简单：他们需要不敢有什么反抗行为的人，这种人脾气好或者没脾气。然后他们用一通貌似精辟的词汇或做派——斜眯起双眼——把自己烘托得高高在上，努力卖弄自己能拿得出手、说得出口的一切，企图在旁人身上获取各种优越感。这时候明眼人会直接无视他们，不会怎么嘲讽他们，但绝对会看不起那些居然还有心跟那些人为伍的人，因为附和的人往往比装的人更可笑。

现在想想，有些时候，我们是出于善良，不由自主地就配合了这些装的行为。如果不幸真有这样可悲可笑的经历，那可要好好反思一下自己。然而，即使我们努力远离这种人，但总会难过地发现，身边竟然存在这么多喜欢装的人，甚至有时候，自己碍于对方的面子还不得不配合着对方装一回。

装的内容往往非常宽泛，比如，明明就是个穷人，却非要装成高帅富；明明是一个白丁，偏要装得像个人间大哲。

我有个同学，在学校时不大不小也算个风云人物，然而却没有什么社会经验。

毕业后去公司参加面试，他抱着自己是个菜鸟、是新来的、是个只配被人骂的新兵的态度，对任何批评和指责，哪怕是赤裸裸的人身攻击都不敢有丝毫怨言。当时他一个前辈就是个喜欢装的人，总喜欢在他们这些新人身上说三道四。不少同事和前辈都对他颇有微词——这个人并没有多少工作业绩值得夸耀，却偏偏喜欢到处招摇，拿新人立威。

但时间长了之后大家也就见怪不怪了，一心等着试用期结束就去别的部门。不幸的是，那个人最喜欢欺负的人，恰巧就是我这个同学，常常把我这个同学骂得狗血喷头。同事看不过去，决定一起陪他去主管那儿告状，为他鸣冤。结果你猜我这个同学说什么，他说：“刚开始都不容易，忍忍吧！”

于是所有人都不再理他了。

这就是附和者的妥协。职场中总有人抱着这样的误解，觉得初来乍到就该受人横眉冷对，不然以后前景堪忧。

事实上，如果你真的跳出这个怪圈，去反问一下自己，你工作的目的是什么？你工作的内容是什么？为什么必须要采取这样退让的态度？如果不是这样结果又能如何？

中国有句老话叫“会哭的孩子有糖吃”，意思就是，这个世界需要的其实是不肯妥协的人。不肯妥协就会一步步改进，大到历史变革，小到工作流程的修改，都是如此。如果大家都妥协退让，守着一个规则永远玩下去，那么历史不会进步，工作也不会改进，我们每个人也不会有进步和发展。

公司的制度约束你的工作行为，但不能奴役你的内心。你有什么想法，就表达你的想法，那是你的自由，你的权利。

如果你对那些装的行为感到不适，不配合也是你的权利。

须知，对装的行为忍受就是对这种行为最有力的配合！你的忍让不会让他们突然自我发现，反而会让他们更加肆无忌惮。有人总结得好：装都是惯出来的。你以为自己是在忍辱负重，可对方还觉得自己没什么过分的地方呢。只知道唯唯诺诺却不去反抗，那些人就爱欺负这种人，而且随着时间推移，欺负你的人可就不止这些人了。

所以，说得严重些，不要拿自己的尊严供人践踏。我们在社会上摸爬滚打，奋力拼搏不是为了给人当靶子的，更不是为了配合那些人的！

面对有些丑陋的表演，有些人的行事风格就很让人佩服。

我们从开篇就一直在强调内心的强大，那么在面对喜欢装的人时，这个“强大”又该如何做？是不屑一顾，还是怒目而视？都不是，真正内心强大、心态健康的人是不会在乎这些蹩脚的小把戏的。金庸的小说《倚天屠龙记》中有句话说得好：“他强由他强，清风拂山岗；他横任他横，明月照大江。”你装？那么，管我什么事！

对那些热衷于装的人毫不掩饰自己的鄙夷态度，也不采取任何实际行动，当空气一样直接无视他们，本身就是给予他们的最有力的嘲讽——我懒得跟你计较，你的所有把戏都跟我无关。

同样的道理，那些人最忌惮的也是这种内心强大的人。他们知道自己几斤几两，所以才要刻意装模作样，打扮成张牙舞爪的纸老虎。但在内心强大的人的眼中，纸老虎就是纸老虎，一撕就破。

一个完全依靠装来博取他人关注的人，你还与他（她）较什么劲儿！多说无益，看不看那些人的滑稽剧是你的自由，他们没有资格对你指手画脚。对装的行为不予配合，对装的人不予理会，自己该干什么就干什么，做好本职工作，这就足够了。

保持恬淡、从容的心理状态，卸下本不属于你的心理负担，做一个真正的自己，把那些没来由的干扰都远远抛在脑后，这样的工作和生活方式，岂不比那些装来装去的日子过得自在！

认清游戏规则，拆掉强大的“包装”

装，这种行径固然不可取，但在我们生存的这个环境里，有些事情却是必须要装出来的，也就是说，在某些特定的场合和时间，我们不得不装，我们称之为“游戏规则”。

是的，就是游戏规则。“无规矩不成方圆”，不同的工作职责、不同的社会地位都会对当事人提出不同的要求，并有一套经日积月累后约定俗成的习惯，作为不成文的规则去严格遵守。这是社会大环境对我们提出的要求，并没有道德框架或是强力约束，每个人都尽量小心翼翼地行走其中，不去碰触它的底线。而背离这些规则的人，不但不会被视为锐意革新的先驱，反倒会被当作离经叛道之徒。

比如，作为单位或者公司的领导，身在高位要有威信，平时表现得和蔼可亲、平易近人没有关系，可一旦到了公开场合，言行就要和自己的身份相符，该严肃时就要严肃。

正所谓“慈不掌兵”。全单位上下的人都可以爱戴他，可以敬爱他，甚至可以讨厌他，但如果对他没有敬畏感，这样的领导者是不会有什么大作为的——畏惧不是恐惧，是有效的管理手段。

作为领导者，他们所代表的已不仅仅是其个人或所在的管理层本身，而是整个单位形象的活名片，他们的身份已经要求他们在某些方面不能率性而为。

不仅是领导者，各行各业亦是如此。比如身为公众人物的明星，注定会经常陷入到各种流言当中，而笼罩在这些明星周身的神秘感更是会增添不少新的争论。明星自己可以不满意，可以不高兴，但经纪公司和市场规则需要他们继续这样“装”下去，因为那是娱乐行业的规则。

而作为业务员，他们的行为举止不光要彬彬有礼，还要做到“客户拒我千百遍，我对客户如初恋”——拓展市场的工作就是有求于人。当讲到自己所代表的企业时，又必须表现出无与伦比的信心和骄傲——你个人都对自己的企业没有信心，客户又凭什么下订单？

这就是我们的“规则”，这种情况下的装是大家能够接受，且乐于接受的，因为它的结果是让双方共赢，让大家满意。

这只是这个社会给每个人的要求，是龙大多时间要盘着，是虎大多时间要卧着。“守规矩”不是什么丢人的事，因为规则会降低因盲目冲动而付出的代价。

很多初涉职场的年轻人总是对单位中的那些刻薄前辈心生不满，觉得前辈凭借自己的经验和资历就对自己指指点点，便与之作对，与其争斗。

其实，很少有人去想，前辈的教诲是不是在帮你进步？对你提出的要求是不是对工作的负责？给你的任务是不是在给你机会，给你信任？如果这些都没有，你的职场生活是更加风生水起还是更凄凉惨淡？

如果这样一对比的话，你自然能想到结果和答案。

认清楚当前形势，看明白游戏规则，知道什么是合理的，什么是不正确的。依着这些规则去行事，我们才能真正融入到社会圈子中去，才有可能在未来的工作和生活中立于不败之地。

遵从游戏规则，并不代表我们就要放弃自我，盲目跟从，做规则的傀儡，这种偏见既不是一个保持积极向上的人生观的人应有的态度，也不符合现实。我们要做的，只是不去破坏这个规则，正视它的存在，承认它的必要性而已。当然，真要是一头栽进去，变得畏首畏尾，只为守规则而活，想必无论是谁都不会愿意的。

在寿险公司工作的朋友前不久跟我讲了件发生在他们公司里的事。一位区域主任向经理室提出报告，要求辞职。刚听他讲时，我没有觉得有什么新鲜之处，保险公司由于其特殊的性质和社会反响，经常人来人往，人员流动快也是出了名的，一个区域主任上交辞呈也是再平常不过的事情了。

但朋友解释说，让人称奇的地方就是，这位主任在自己辞职的前提上加了一个条件——解聘自己区队里的小刘。

原来，这位区域主任并非寻常人物，她的队伍是部门里的冠军队伍，手下的一班业务员也都是月月“入钻”的人物，平时在公司里也都趾高气扬，连部门经理都得让他们三分。但自从小刘来了以后，这支队伍就再也没有消停过。原因也很简单，小刘发现了队伍里的一个秘密。

其实倒也算不上什么大新闻，众所周知，寿险公司是以业绩论英雄的，业务量通常直接和薪酬挂钩，能不能获得高薪就全靠自己的本事。小刘刚加入他们团队的时候，是很以能进入这样一支“钻石”队伍为荣的——站在自己身旁的不是月入过万就是月签三单的业务能手，他怎么可能不兴奋！对那位主任也是崇拜至极，希望有朝一日能够取得和主任一样的成就。

但两个月过去后，小刘的业务还是挂零，这样的打击令他颇为沮丧，于是跑去跟主任诉苦。不过主任听完并没有什么明显反应，无非是讲了些鼓励的话，要他继续坚持。失望不已的小刘只能先给自己买了一份保险，保证月内能发下来薪金，结果却受到了主任的表扬，说他善于变通，于是小刘越发疑心起来。他决定把自己的队伍好好调查一番，看看这个以外地人居多的队伍究竟是怎么取得如此佳绩的。

调查的结果令小刘大吃一惊，他崇拜的主任其实并没有月入过万的本事。她的业绩，好多都是靠自己把钱交给客户，然后请客户们去买保险这样“做”出来的。这对一心想把业绩做好的小刘来说无异于晴天霹雳。

而且不单单是主任，区队里的很多同事也是用这种方式增加业务量的。愤怒的小刘认为自己完全被欺骗了——他怀着一份憧憬加入这个团队，却没想到事实完全不是他想象的样子！

于是在一次早会上，当主持人请又一次当选月度冠军的主任上台分享经验的时候，他突然当场发难，挑明了所有真相。主任羞愧难当，跑出了会议厅。但事情并没有结束。小刘本以为大家会对此议论纷纷，结果所有人都不约而同地选择了沉默——这种事在寿险公司里根本算不上是秘密，却是绝对不能捅破的窗户纸。

那位朋友后来跟我说，公司肯定要保住区域主任，毕竟她手里有几百张保单——只要业绩够突出，公司才不会在乎保费是怎么来的。至于小刘，就看他什么时候自动走人了。朋友末了又说，这个年轻人挺有勇气的，就是不太会做人，这样的事怎么能当众说出来呢？

其实，这位主任之前肯定也是有不少自己辛苦跑来的保单，但在当了一次业绩冠军后，她必须要保住这支队伍的头名地位，守护“冠军团队”的外衣，所以才会出此下策。结果被小刘这么一搅和，以后怕是只要签了单，就会有人说三道四。

大公司里明争暗斗的事情本来就多，现在有了活靶子，谁会吝惜自己的口水！也难怪这位主任非要辞职了。

事实上，小刘的行为也给其他还在规则中摸索的年轻人上了一课，我们每天所遇到的人都会较之以前的各有不同，不同的身份和经历都决定了他们有着不同的行为准则。新来的员工会非常小心地做人，非常用心地做事。聪明谨慎的老员工会尽量选择不引人注目的方式默默工作，主管对所有人都表现得一视同仁、赏罚分明，经理室中的老总们会恩威并重，很少有突然性情大变的人。

看清规则不是简单地找到规则执行中的偏差，而是从规则中找到与各种问题的相处之道。当我们发现问题的本质跟我们的印象形成强烈反差时，如何理智地认清为什么存在这样的问题而自己该作出何种选择，比盲目冲动地捍卫所谓的规则更能有效解决问题。

我们是规则的执行者，但我们也是内心信念的捍卫者。

所以，看清楚这些规则，不去盲从它们，也不会被其打败，这才是一个内心成熟的人的标志。

不要被规则束缚了手脚

很多朋友可能都看过电视剧《士兵突击》，其中有一段情节：新兵连结束后，许三多被高连长当作无药可救的末等兵分到了驻守草原的训练场三连五班。这个地方没有作战单位驻守，性质上属于后勤储备，仅在大规模演习或者是军区集训的时候才会有机动部队路过，补给油料，吃顿便饭。

这里远离军队，只有一个最低级别建制的五班守着茫茫大草场，他们被称作“全体班长的地狱，所有孬兵的天堂”。

在这句嘲讽背后，班长老马作为最重要的当事人，他曾是全团最优秀的班长，不知道什么缘故被分到了五班。也许是首长把“改良”的希望寄托在了他的身上，想看到他能带出一个和过去不同的五班。但无论首长们的出发点是什么，老马都让他们失望了。老马不但没能改掉训练场五班的颓废景象，反而加入了他们，成为团里有史以来最没水平的班长。

如果不去了解他的光荣历史，甚至不会有人敢想象他还是位三级士官。直到许三多，这个迟钝的新兵令人发指的坚持和难以动摇的决心，让老马的内心里似乎有什么东西被触动了。老马和自己的士兵们一改之前对许三多的不理解和排斥，主动加入到这份坚持中去，终于圆满过完了军人生涯中最后的日子，毫无遗憾地离开了军队。

为什么我们要讲老马，这样一个经过艺术加工出来的银屏人物，他跟我们这一节的内容有关系吗？我的回答是，有。

还记得当指导员把许三多带来介绍给五班时，对他们的那番教导吗？他教训老马说，培训基地看守班是一个光荣而艰巨的任务。可是老马回了句什么？“光荣个屁，艰巨个六！”在这位曾经的优秀班长心目中，“看守训练场”这种单调而且没有技术含量的工作，没有任何意义可言，更不是他这个“优秀班长”应该呆的地方。郁闷、无奈、失望充斥在老马的心中，使他逐渐失去了继续从军的勇气，只想着赶紧混完这几年后退伍离开。

但这个木讷笨拙的新兵——许三多——又让他隐约想到了自己当年的样子，看到了他同样有过的坚持与希望，心中最后的丁点儿火星在不经意间被许三多撩拨了一下。可老马终究是老马，他与许三多最大的不同就在于他是个习惯妥协的人：从团里调到荒无人烟的训练场，他什么也没有说，默默地去了；士兵们懒于训练、“混吃等死”，他努力教导没有起色后便不再反对，反而加入了他们；甚至他自身，都为了融进这个小小的圈子而放弃了自己喜爱的桥牌改打“拖拉机”；当大家都厌烦许三多的时候，他给这个新兵蛋子讲故事，教育他不要总做出“遗世而独立”的姿态。就这样，在不知不觉中，老马已然成为了这个游戏规则的捍卫者。

只是他的维护并没有持续多久，当许三多以一个人的力量建起那条团长当年没能修成的小路时，老马终于被彻底震撼了。他重新审视起自己的一切，还有五班的一切，忽然间发现，原来一直不守规则的那个人其实是自己。他强烈地想要做些什么，好找回当年的感觉，于是他拉着醉生梦死的三个混子出早操，大雨夜里不辞辛劳地检查油库、仓库。他几乎“脱胎换骨”的改变让其他人十分困扰，也让他们感到不解。就像老兵们讲的，“不折腾两个小时他对不起他那床”。在许三多面前，他们都失去了对已经了然于胸的游戏规则的信任。

老马做错了吗？他破坏游戏规则了吗？没有。开始时，老马用他惯守的“中庸之道”遵从了这个只属于训练场五班的规则——混吃等死。在此之前，无论你来自哪个单位，无论你有什么样的雄心壮志，到了这里就只能选择混日子的生活，因为大家都只有这么做才会觉得高兴。就像袁朗说的那样，这个地方，无论你再怎么努力，再怎么拼命想改变一切，都不会有人看到。所以这里才会成为所有后进兵向往的地方。不是因为这里的颓唐和无聊适合他们，而是他们觉得原先遵从的游戏规则在这个地方没有栖身之地。而本不属于这里的老马同样加入到了后进兵的行列中来，这种行为本身就是在向外人昭示：训练场五班有他们自己的规则，弄枪习武、令行禁止的要求不属于这里。

直到遇见许三多，老马才察觉到他们之前遵守的规则和他无奈之下开始顺从的规则实际上并没有任何冲突，即便是在无人问津的大草原上，他们照旧可以用一个优秀军人的作风来要求自己，真正被蛊惑、陷在其中的只是他们自己。豁然开朗下，老马仿佛又回到了当年冲锋陷阵、扬威比武场的日子。所以他重新拾起班长的责任，并用自己的实际行动感动了李梦他们，大家都回到了日常的军营生活中，开始遵守军队里真正的游戏规则。这样的风气不但从此在五班里巩固下来，还一直延续到了成才担任班长的日子里，加上成才自身的感悟和不懈努力，训练场上孤零零的五班迅速焕然一新，成为了机动部队的固定停靠点。而这一切，都源自许三多当初对那条小路的执着。

许三多和老马，这两个士兵在本质上其实没有任何区别。只是死心眼的许三多不会像他的班长那样考虑太多。他就是固执地坚守着士兵守则里的每一条、每一款，不去违背它们，他知道自己笨，所以对自己的要求更加严格。老马当时如果有许三多的坚持，或许五班就不会在他的任上继续沉沦。他只是错在把统一的游戏规则当成了对立的两个，结果越走越偏。万幸，他在退伍之前遇到了许三多。

这就是规则的力量，它不会去偏袒某一个人，也不会故意压制哪个人。规则的存在只是为所有行走其中的人制订一个大概的框架，哪条路不能走，哪条路能走，仅此而已。但有很多人却因而束手束脚，把规则当作是监督和惩罚，结果更容易“撞线”。

真正的游戏规则是不会攻击谁的，尤其是那些遵守规则的人。比如老马，他痛心战士们混吃等死的时候，战士们没有要求他和自己一起混吃等死，他大可继续顶着“优秀班长”的头衔做班长应该做的工作。但他却选择了主动加入到这个小规则中去，成为规则中的一分子——他过于担心那份排斥了，就像他们起初排斥许三多一样。殊不知，许三多坚持着的，是更大的游戏规则，他做的任何事情都是无可指责的。但在五班内部看来，却和他们多少有些格格不入，这不是规则的错误，而是人自身的认识偏差。后来的成才更是证明了五班原先的游戏规则并非铁打不变，只是这些人需要它，它就存在而已。

当我们在工作和生活中，面对那些无法改变的事实的时候，是不是也会觉得自己只是一枚小小的棋子，不遵守下棋的规则就玩不下去？有这样的想法并不奇怪，所谓“当局者迷，旁观者清”。但是如果你总是把问题推到游戏规则上，那就大错特错了。规则本身没有攻击性，它只是一个小小的框架，心有多大，框架就有多大。参与其中的我们，如果看不透这个浅显的道理，一遇到挫折就嗔怪自己是被规则束缚住了，那么再大的框架于我们而言也会变得像壁垒一样，让我们寸步难行。

审视你面前的游戏规则，遵守所有人都认可的游戏规则，让它成为自己的行为准则，但不是囿于其中无法自拔。真正的游戏规则不会对人本身的发展有任何不好的影响，相信它的公正，参与到其中去，尽情发挥自己的才华，这才是你强大的生存之道。

第 4 章

管住自己，才能内心强大

乔布斯说：“我的自信源于自律。”自信是从自律中来的，我们要学会克制自己。管得住自己的人身上有一个词叫魅力，还有一个词叫征服，最后有一个词叫力量。这三个词加在一起就会成就一个人成功的一生。一个能够管得住自己的人，才是真正内心强大的人。

对自己有要求才能对自己有期望

生活中，我们经常从身边朋友那里听到这样的声音，“最近很郁闷”“最近心情不好”“最近压力太大”“最近好累”“最近好疲倦”……听到这些你的心情也会跟着往下沉，因为你知道这些人不是真正的身体累，而是心累。

更郁闷的是，你会发现，这些哀怨着各种负累的人是想怎么逃避一些困难而不是想办法去解决困难。这很像小孩子撒娇，因为作业太多不能出去玩，但又不得不完成，所以一会儿对文具盒不满，一会儿把铅笔弄断，然后抱怨连连，就是不能全神贯注地做作业。

这是对自己的一种放纵，没有要求，只想要安慰。

记得在某一家茶座听到过这样一个故事：

小铁块在被火烧的时候怕烫没有烧到足够的温度，在被铁锤打的时候怕疼没有打到足够的硬度。在小铁块出去之后不久就锈迹斑斑又返回到炼铁厂的废角料堆里。小铁块感叹说：“很多磨炼不能逃避，如果逃避了就成不了钢，变成废物。”

这小铁块就是我们，我们因为怕为难自己而放弃了对自己的严厉要求，结局只能是折损自己的人生价值。变成废铁的小铁块在意识到自己成不了钢时才醒悟：如果当初对自己的要求再严厉一些，接受磨炼，现在就是一块有价值的钢，而不是废铁。

人一定要有志气，这是很多长辈在教育年轻人时经常会用到的一句规劝。作为新时代的我们在成长的路上面对的是比上一辈多得多的考验和诱惑。如何正视它们，如何处理这些或大或小的阻碍，既是人生对我们提出的考验，也是现实给我们设下的小小的陷阱。

为什么要这么说呢？“行百里者半于九十。”很多人一开始都是雄心万丈，激情澎湃，只等着杀将过去，一举成功。却在达成愿望的过程中被逐渐消磨掉了意志，在困难和考验面前低下了自己高傲的头。虎头蛇尾本不足为惧，世上有多少人又能够从一而终？真正可怕的，在于人对自己没有什么要求，却喜做白日梦。梦想总是遥不可及的，应不应该放弃？如果不懂得约束自己，对自己和自己的梦想没有一个起码的约定，那这样的梦想，也只能算是一场虚幻的梦了。

苏格拉底的学生曾经问他：“如何才能成为像老师您一样的伟大学者？”

苏格拉底给出了一个让人莫名其妙的回答：“坚持每天睡前做三十个举臂运动。”

学生们虽然有疑问，但还是照做了。于是第一天当苏格拉底问起学生做没做这个运动的时候，所有人都自豪地举起手。但这样的场面并没能维持多久。第七天，苏格拉底再问的时候，已有三分之一的人把这件事忘记了；

第十五天，坚持做举臂运动的人只剩下一半；一个月过去后，只有不到十个人还在坚持；第二年，苏格拉底又问起这件事，百余名学生中，只有一个人举手。见状，苏格拉底既失望又欣慰：失望是因为学生终究还是没能坚持下来，欣慰是因为还有一个人做到了。那个坚持睡前做举臂运动的学生就是柏拉图。

每个人都心怀大志，但没能实现也是常见之事。上学的时候，我们给自己定下目标，要成为班里的佼佼者，要成为学校里的风云人物。但过了不久，差不多所有人就都习惯了“好死不如赖活”的慵懒日子，把之前对自己的隐隐期盼早就抛到千里之外去了。工作后，有人默默发誓，要在多少年内成为部门主管，要在多少年内升为公司负责人。结果，部门主管依旧是原来那位，公司的头头里面，还是没有挤进去什么新鲜面孔。曾经立下的誓言，也早就在忙碌的工作中被遗忘了。

我们的志向和愿望，真的就那么不堪一击么？

有一个人问过我，“该如何做才能获取成功”？于是我把柏拉图的这个故事原封不动地讲了一遍，希望他能从中获取些值得学习的东西。然而，耐着性子听完我的赘述后，这位青年朋友不以为然地摇头：“柏拉图几千年就那么一位，人家那是命中注定的，我怎么能跟他相比？我只想过我自己的……”

是啊，柏拉图只有一个，你也只有一个。你可以不做举臂运动，但试问一下你可以做什么，并且坚持下去了么？

同样的故事，但听者的反应却不完全一样，这实际上代表了现实中的两种人，这两种人对待自己的态度不同：一种人觉得生活简单就好，随性就好，总是给自己加压加码就会失去很多人生乐趣；另一种人则坚持认定“人生能有几回搏”，拼了命也要实现自己的梦想和目标。即使最后没有达成，也不枉在世上走一遭。

当然，一个人拥有什么样的人生观，他人没有权利去横加指责。因为无论是什么样的观念，观念本身并没有错误。

我们希望自己能过得好，希望生活能够美满，希望自己有足够的魅力得到心仪的恋人。这些愿景和想法一个比一个丰满，却无一例外都是需要付出才能实现的。你要实现自己的梦想，又不想下苦功要求自己，梦想就终归只能是梦想，永远不会有成为现实的那一天。因为你根本就没有要求自己去为这个梦做些什么，而只是一味地幻想。懒惰也好，担心也罢，总之，只要没有一个约束力强大的要求时刻在你耳边响起，每时每刻提点你、敲打你，你的梦想就等于不存在，而这个世界上还没有一个缺乏自我约束的人取得了伟大成就的。

柏拉图当时真的希望成为和老师一样的大哲吗？不一定，或许他只是想要把“作业”完成，于是每天机械式地重复着那个有助于呼吸系统的运动。他坚持，他不放弃，却不知这种态度在经年累月中完全影响了他自己，让他学会了坚持，最终帮助他获得成功，和老师苏格拉底站在了同一个高度上。做举臂运动很难吗？当然不，不但不难，甚至还很简单，但能把简单的事情坚持下去就不简单，因而其他学生没有做到。很明显，柏拉图在潜意识里对自己抱有很大的期望，并且为了这个期望定下了严格的要求——像老师一样每天做三十次举臂运动，正是这个要求帮助他成为了一个大学者。

对自己有要求，才会对自己有期望。这不是容易做到的事，却是每一个渴望成功的人都必须做到的事。整日幻想着成功，却对此没有什么正儿八经的想法，便是神仙附身你也照样无计可施。

年轻人最容易心浮气躁，这种情况在人生路上走得越久越难以克制。“三分钟热情”的事例比比皆是，比如，今天刚发完誓要在这次期末考试中挤进班级前三名，可第二天一早再次关掉闹钟开始睡懒觉；昨天给自己加油鼓劲儿要当业务冠军，今天来到单位就继续和女同事漫无边际地聊天。长此以往，你对自己的要求越来越松懈，整个人开始对什么都抱有无所谓的态度，这种人还有什么资格谈梦想！

当一个人对自己有一些要求并严格执行，当一个人为了实现目标而敢于面对挑战的时候，即使很忙很累，他的心里也会感到充实和快乐，也就不会有很多负面的想法。

自信起来的心理暗示是“我可以”

梦想的实现要靠行动来完成，但实现梦想的前提却不仅仅是具体的行为，还包括源自内心的力量，即我们所讲的“内心强大”。

让内心变得强大，既是劝解朋友们如何在熙熙攘攘、物欲横流的社会中保持自我、固守本真，也是希望能够为每个在人生路上拼搏进取的人送去一盏明灯。这盏明灯我们叫它自信之灯。

“相信自己，我能。”这句平淡无奇的广告语一问世，就帮助“全球通”成为了中国移动的主打业务。短短六个字中蕴含的强大自信一改人们过去对中国移动的糟糕印象，大家惊奇地发现，无论是国企改制还是分业经营，中国移动依然稳稳占据着行业头名位置，多年来几无变化。这句广告，既是一种自信，也是中国移动对消费者的一个承诺。

是的，就是自信，让拥有者与众不同，让其充满力量。

自信充斥在全身大大小小的经脉中，一旦汇聚成海就会不可阻挡！

但是想要获得自信，仅仅用心理暗示是没用的——与很多美好的品质一样，自信同样需要付出代价。

与艰难获得的成功一样，自信也并非无根之木、无源之水。在它的内里，是各种最朴实无华的特性组成的优秀品质，在人心中拧成一根坚韧的绳索，用最有效的方式展现出来，最终成为一股无可抵挡的力量。而在这些特性中，最重要的，也是最难拥有的，就是自律。

我们上文讲过，已经离世的苹果董事长乔布斯说过一句话——自信源于自律。在他看来，这种对自身思想与行为的双向约束，是帮助事业和人生成功的强有力保证。但实际上，从古至今的人们对自律并没有形成完全一致的认识。古代中国把“诚意、正心、修身、齐家、治国、平天下”当成做人行事的守则，几乎是用圣人的标准来要求每一个识字的人。宋朝朱熹认为应当“存天理，灭人欲”，要人完全抛开自己的欲望，一心一意侍奉天道和君父。然而，他又说“不奋发，则心日颓靡；不检束，则心日恣肆”。和他相比，同为宋人的程颐则更注重人自身“气”的养成。到了明朝，领导思想解放潮流的王阳明又提出“人欲即天理”，要人正视自身的欲望和渴求。

在关于自律与具体的自制问题上，古希腊哲学家柏拉图有过一个很好的决断：“自制是一种秩序，一种对于快乐与欲望的控制。”这就是说，无论出发点是善是恶，人都应当把自己的欲望掌控在合理的范围内，让它们不要影响到你正常的工作和生活节奏。因为你所追求的欲望不一定就是真正有益的，有的时候甚至会带来非常恶劣的后果。没有什么比没有自制力的人更加可怕——什么事情都恣意妄为，自己都把持不住自己，这种人又能有什么指望呢?

自律不是一件容易的事，因为它在一定程度上否定了人性中的自然欲望，却又没有全盘抹杀，而是用一个人为设定的框架去约束——这对欲望来说无疑是一种煎熬。所以，如何把握好这其中的度，对所有渴望成功的朋友来说，都是最困难的事情。然而，正因为其把握起来不容易，所以一旦能够从中获取自信，就能成为一个真正意义上的强者。

乔布斯做到了，从1977年苹果公司成立，到中途被扫地出门，再到重回苹果登顶CEO，在硬件市场上击败索尼，里程碑式的电子设备iMac、iPod，还有iPhone和iPad系列。几十年间，乔布斯用他无与伦比的想象力和坚韧的自信向自己所投身的事业奉献了一切。

第一次离开苹果时，他完全可以立刻倒戈去正在崛起的微软。但乔布斯没有这样做，这既是出于他对微软的厌恶，也是因为他自信有朝一日完全可以击败对方。他每天凌晨四点起床，九点半之前做完一天之内的所有工作。换个不好听的说法，他和睡懒觉的想法斗争了多少年才换来今日的成就！他说自信源自自律，就是因为这份对事业的坚持让他懂得克制自己。

与这位已经离世的人相比，我们很多普通年轻人似乎缺乏这样的自信。他们对梦想的理解也非常现实：一份不怎么轻松但可以接受的工作，一套一百多平方米的房子，一个没有奢侈欲望的配偶，还有辆不太过耗油的车子。似乎除了“高帅富”和“白富美”，已经很少有人再敢立下“一飞冲天”的志向了。

年轻人经常说的就是，理想很丰满，现实很骨感。

这其中，社会因素固然重要，但更多的还是内心。在残酷的社会面前，他们已经不敢再对自己的梦想付出什么，包括他们那些仅有的“喜爱”。然而，一个人如果连约束自己的勇气都没有，又如何获取最起码的“稳定”？我们口口声声说“梦想艰难”，又真的有人去为梦想而不顾一切了吗?

不要给自己找借口，这是我给广大青年朋友的一句劝诫。用自制的方式管理自己，用自律的精神指导自己，要比整日大谈“白了少年头，空悲切”实际得多。因为有自律意识的存在，我们就能够管住自己，就不会把过多的精力和时间都浪费在不相干或者有害的东西上面，专注于自己应该做的事情，专注于自己的信仰和梦想。“不积跬步，无以至千里；不积小流，无以成江海。”每一个梦想的达成，都是无数次的小积累带来的。面对混乱时，面对诱惑时，我们难免会迷惑，甚至是迷茫，但是只要我们依旧能够严于律己，依旧有足够的信心支撑全身，那么，背对五光十色的花花世界，朝着尚未明朗的未来高喊一句“我可以”又有什么难的呢?

管住情绪，没有人能轻易操控你

有这样一个寓言故事：

在一个小池塘里住着一只坏脾气的乌龟，它认识了两只经常来水池喝水的大雁，时间一长它们成了好朋友。

有一年，天气大旱，水池里的水干涸了，乌龟没办法只好决定搬到别的地方居住。它听说大雁要飞去南方，便跟大雁说准备同行。可是乌龟不会飞行，于是两只大雁就找来一根树枝，两只大雁各执一端，让乌龟咬住中间，带着它一起飞行。

大雁嘱咐乌龟："当我们开始飞行时，你一定不要说话，因为你一开口说话就会掉下去。"

乌龟点头答应。

它们飞过田野、山峰、森林、村庄……村庄里的孩子看到了被大雁带着飞行的乌龟，觉得很有趣，就拍着手喊同伴来看："快看呀，快看呀，那只乌龟好滑稽呀，还学飞呢！”

乌龟本来正得意洋洋地飞行呢，听到有人嘲笑它，非常生气，就想开口大骂。可是它一张嘴，就掉了下去，摔在石头上，死了。

大雁叹了口气说：“管不住自己的坏脾气，付出了多大的代价啊。”

这是一个寓言，但是却生动地让我们看到了平时那个管不住情绪的自己。有人说，情绪一坏，一个人的心理就被解除了武装，剩下的大概就是缴械投降了。

一个能控制住不良情绪的人，比一个能拿下一座城池的人更强大。

但事实上，我们内心的不良情绪确实会在生活中时时涌现。坏情绪，成了我们最大的敌人。

我所住的小区附近有一所颇有名气的私立高中，每日午间和傍晚，都能看到数以百计的学生进进出出。这些学生身上所焕发出的活力和精神，是我们这些已近不惑之年的人所失去和渴望的。

然而总有些不和谐的场面出现，比如校门口经常有学生聚成一伙，吞云吐雾，脏话连篇。若只有这些倒也罢了，还经常会出现一言不合大打出手的情况。

此外，学校的操场也是多事之处，好好地打着篮球，结果打着打着就成了打架。而教室里也未必有多太平，用古人的话说就是“常有为人所不忍闻见”之事。有一回我们去学校给毕业生们做高考前的心理疏导工作，就“有幸”看到一场壮观的斗殴事件，参与其中的学生竟多达百人……

看着他们就想起自己年少轻狂时，总喜欢用愤怒来表达自己的不满和强大。好像生气、发脾气的人才是有力量的人。却没意识到，在放任自己的坏情绪泛滥时，却无形中伤害了他人。现在回头看看那些依然冲动冒失的孩子像当时的自己一样，为一些莫名其妙的问题就愤怒，真是不成熟的表现。

人成熟了，不会为小事冒失，但愤怒的火苗还是没有熄掉，只不过我们愤怒的事由不一样了。但可以肯定的是，从小到大，愤怒从来没有解决任何问题，反而给我们带来很多负面影响。

人们常说愤怒的那一个瞬间，人的智商是零，一分钟之后才会恢复正常。这个论点或许有些促狭，却着实说明了冲动给人带来的负面影响之大。发泄情绪谁都能做到，但是后果却不是每个人都能承受的。而且很多时候，我们冲冠一怒都不是为了自己，而是下意识中遵循了“义之所在，虽万千人吾往矣”的古老道德教条。雷霆之怒只为他人谋利，这是怎样的思想节操暂且不说，但是在人们面前，这既是种难得的精神价值，也是最容易为人所利用的愚蠢行径。

老奸巨猾者看到后，大概就会捋着胡子笑：“你们这些小毛头啊，还是年轻了。”

没有别的理由，只能说你年轻。其实话外之音是说你年轻气盛，说你天真幼稚，说你不够稳重。说到头，修为还不够，还没让自己躁动的心平静下来去思考问题本身，而不是情和义。解决问题，而不是表达情绪。这就是过来人和毛头小子的区别。

人生是一个修心的过程。人生的所有经历，人生会遇到怎样的际遇，人生能达到怎样的高度，这些都有一个核心因素，就是人的内心修为。

一个人的内心修为如何，最直接地表现在他管理情绪的能力上。很遗憾的是，在这方面，我们大部分人是“低能”的。

朋友有一个同事A君，平日里在公司就是那种爱憎分明、仗义执言的人物。

这一天，部门例会，内容是关于下季度任务目标的设定，正副两位主管都发表了各自的见解，但意见相左，所以为此争执不休，于是转过来询问大家的意见，当然两位主管都想让大家支持自己。

在座的大部分同事支持正主管，而A君最近因为工作上的问题，他曾与副主管发生了一些小摩擦，本来他这个时候可以站在正主管这一边。但他确实是一个耿直的人，觉得从道理上他还是比较认同副主管的观点，所以他选择支持副主管。

但是结果还是支持正主管的人相对多一些，于是会议讨论按正主管的方案执行。而执行负责人是女同事S小姐。问题出在这里，S小姐在讨论过程中也是支持副主管的方案的，在确定要采用正主管的方案后，她需要改变自己的立场，迅速消化正主管的方案，然后落实执行。

这时正主管有些故意发难，要求S小姐在会议上当场把她刚才的反对观点纠正过来，甚至一副辩论到底的架势。S小姐觉得一个主管不应该这么计较，就表现出不配合的神情。S小姐的态度激怒了正主管，他越说越来火，甚至最后拍桌子瞪眼睛质问S小姐到底对工作持什么态度，负不负责任等问题。

这时，A君看不过去了，也站起来帮助S小姐据理力争，这更触动了领导的威严，加剧了矛盾冲突。于是副主管也过来调解，可A君却脱口而出，指责副主管没有领导的样子。搞得两名领导都对A君愤怒不已。

事后，A君受到处分，被扣掉当月奖金，留职观察一个月。

A君心有不甘，向同事大吐苦水，不满领导的小肚鸡肠，听不得意见，他本以为同事会支持他，但是同事一听到这种言论就对他敬而远之了。

这样的朋友、同事，我们身边还真有，即使没有这么较劲儿，也是那种脾气暴躁之人。一时间的血气上涌、怒气冲冲，结果就莫名其妙地大包大揽了所有的责任，成为了牺牲品。

事实上从头至尾，都没有A君什么事。而且面对同事之间的矛盾，A君应该做的是帮助调解，而不是加入到情绪队伍中。

情绪就是这么奇怪，即使遇到的事情与自己没有丝毫利害关系，它也会不安分地从身体里涌现出来。因此，管理好它，需要付出很大的努力。

这是一个美好的世界，也是一个糟糕的世界。如同小说中时常出现的内容一样，每个义薄云天的人的周围，总会难免有几个别有所图的人，这些人怀着不可告人的目的，小心翼翼地潜伏着。

我们可以为了别人登高一呼，也可以为了一己之愤举拳相向。但最终，如果自己的愤怒没有带来应有的效果，反倒便宜了别有用心者，那岂不是为他人做了嫁衣？

这是因为人本身虽然就是容易冲动的动物，但却非常厌恶对方的这种行为，因为在最本我的动物属性里，这被视为是对自己的挑衅，哪怕你再怎么占理，只要你的行为不是基于常理而是基于愤怒，就必定会遭到周围所有人的强烈抵触。除非是整个群体的愤怒发泄，否则，无论什么事，天大的黑锅都得由发脾气的那个你来背。

说到动物属性，就不能不说到我们作为人类与普通动物的区别：人的优雅不是体现在外表上，也不是表现在言辞上，而是在于我们能够控制自己的情绪上，不使之随意发泄。尤其是在对负面感情的控制上，稍有成就的人都能因此受益匪浅。

“制怒”一词正是对每个心怀大志的人的最好忠告。而用自己的嘴巴去伤害人、用自己的行为去辱没人，无论是谁都不会认可这种愚蠢行径。所谓的“忍无可忍无须再忍”，并非是要人受到撩拨便怒火全开，而是在对方做出这样愚蠢的行为之后，以“道”的名义做出招讨姿态，从而将旁人的反感度降至最低。毕竟，你怒的若是自己的事情，大家多少会心生怜悯。而若像A君那般将别人的怒气拿来为自己所用，为别人去生气，又和被人控制有什么区别呢？

莫生气，我们总是要自己疏导情绪，宽以待人。不是因为生气或者愤怒总会导致更糟糕的结果，而是因为那样容易使来自内心的不良情绪左右我们的思想，进而做出不理智的事情。

西汉著名的哲学家杨雄就已经认定人并非“性本善”或“性本恶”，而是“善恶混体”，只是不同的情绪所占比重会决定人自身的善恶走向。作为负面情绪的愤怒，本身就容易使人走上歧途。我们既然要做一个有着强大内心的人，就要学会控制自己的情绪，时刻保持平心静气的心理状态，对所有的事情尽量淡然处理，用正常的态度去面对所有事物。所以说，一个总能把不良情绪控制得恰如其分的人，比能攻下一座城池的人更加强大。

面对不可预知的人生，我们应当用理智来控制自己汹涌的情绪，一位哲人曾经说过：“成功的秘诀就在于懂得怎样控制痛苦与快乐这两股力量，而不为这两股力量所反控。”

1965年9月7日，世界台球冠军争夺赛在美国纽约举行。路易斯·福克斯的得分一路遥遥领先，只要再得几分便可稳拿冠军了，然而就在这个时候，他发现一只苍蝇落在主球上，他挥手将苍蝇赶走了。可是，当他俯身击球的时候，那只苍蝇又飞回到主球上来了，他在观众的笑声中再一次起身驱赶苍蝇。这只讨厌的苍蝇破坏了他的情绪，而更为糟糕的是，苍蝇好像是有意跟他作对似的，他一回到球台，它就又飞回到主球上来，引得观众哈哈大笑。

路易斯·福克斯的情绪恶劣到了极点，终于失去了理智，他愤怒地用球杆去击打苍蝇，球杆触动了主球，裁判判他击球，他因此失去了一轮机会。之后，路易斯·福克斯方寸大乱连连失分，而他的对手约翰·迪瑞则愈战愈勇，并最终反败为胜，夺走了冠军奖杯。

第二天早上，人们在河里发现了路易斯·福克斯的尸体，他投河自杀了！

一只小小的苍蝇竟然击倒了所向披靡的路易斯·福克斯。可见，若我们被情绪牵着走，那我们将无法战胜自我，更不可能取得事业上的成功。

法国作家莫鲁瓦曾深刻地指出：“我们常常被一些应当迅速忘掉的、微不足道的小事所干扰，并且失去理智，我们活在这个世界上只有几十个年头，然而我们却为无聊琐事纠缠而白白浪费了许多宝贵的时光。”

管住信念，没有人能轻易左右你的方向

我们的身边总有这样的人，没有主见，没有立场，没有原则。觉得每个人的话都有理，最后自己也不知道理在哪；觉得每个人都是对的，结果又不知道到底为什么对。

对于这些人，有很多形容词：

立场不坚定的见风使舵者；

没有原则、没有底线的跟屁虫；

……

不管怎么说，反正没有好听的。这说明，从古至今，没有人喜欢这样的人，甚至厌烦这样的人。

这样的人多吗？很多。

只是有些没有细碎地表现在生活的小事上，没有到令人生厌的程度，但是却表现在生死荣辱的大事上，关乎人生成败。

鸿门宴上，项羽对是否拿刘邦开刀举棋不定，最终放了刘邦一马，结果成就了这位流氓天子的千古帝业，自己却落得兵败乌江、挥剑自刎的下场。尽管被视为“史册第一霸王”“不世出之英雄”，但范增的那句批驳却永远像标签一样贴在西楚霸王身上——竖子不足与谋！

曹操对刘邦和项羽二人有个很经典的评价：“为君者，当学沛公识人之明古来少有；为将者，当学项籍破釜沉舟一往无前。”不过在这位乱世奸雄的眼中，楚霸王最值得骄傲的“三战三捷”也不过是被逼无奈的义气之举。他对刘邦摇摆不定，尤其是在一系列重大的战略问题上没有自己的主见，这是曹操瞧不上项羽的一点。

在我接触的很多青年朋友中，不少人的精神状态不是很理想，尤其是在我问到他们以后的个人发展规划时，他们像犯忌讳似的不愿明说。于是我稍稍明白了几分：他们不是不想说，大概他们自己也不知道应该怎么说。

往大了说，这种迷茫是人生过程中必然会出现的一段空虚期，在前面我们已经讲述过它的成因。但是如果一直这样迷迷糊糊地过下去，可就不是“自然现象”就能解释的了的事情了。耽误了大好时光不说，又有多少机遇会被白白浪费掉？所以，抓紧时间，明确自己的原则，坚定不移地去为自己的信念争取一切，这会让年轻的我们在物欲横流的社会中屹立不倒而非日渐沉沦。

我们常说的“信念”，并非秉个人志愿而为之的孩童之举，而是与自己的内心要保持一致。有原则、有信念不是顽固到底，也不是强硬到底，应该是在任何跟自己有关的问题面前，用信念指导方向，以原则为底线，既不逾越，也不轻易改弦更张。面对旁人纷纷扰扰或对或错的建议，如何辨真去伪，如何分而处之，才是真正考验我们的地方。但无论这方面的能力如何，我们都应当提前抱定一个标准——不要让别人替自己作决定。

然而在现实中，有相当部分的朋友缺乏这样的“决断之心”：或许是自小养尊处优的原因，或许是对慵懒不知明日的生活习以为常。总之，这些人普遍对事物没有主见，无论大小都习惯了让家人或者靠得住的朋友帮自己拿主意、作决定，自己只是照做而已。这或许可以帮助他们好好修养大脑，不被太多的困扰牵绊。但如果这样的日子长此下去，他们在社会中将失去生存能力，尤其是在陌生的环境中，没有可以用来依靠的人在身边的时候，他们很容易变得六神无主，为人所操控。

我有这样一位朋友，穷苦出身，白手起家，现在有自己的企业，属于事业有成。凡是过过苦日子的过来人通常会有个通病——不想让自己的子女再受自己当年的苦。于是对子女千依百顺，基本上到了“敢上九天揽月，敢下五洋捉鳖”，而这一切甚至只为了博子女一笑。

子女小学还没上完就找好了中学，高中尚未毕业便已联系好了大学，甚至学什么专业也给子女做了主。结果，虽然上学一帆风顺，但是问题很快就出来了。儿子“不远千里”去上海工作，五年中只回过一次家，当父亲的还高兴地想着儿子长大成人能像自己一样，有一番成就。于是想着，好男儿志在四方，任他去闯吧，不回来看自己也没关系。

但却怎样也没想到某天突然接到了上海公安机关的电话，要他去上海领人——这孩子也不知道受了谁的蛊惑，竟然没头没脑地加入到了传销组织当中，半年不得逃脱，直到警察同志们一举破获这个传销窝点的时候，这位公子还在“导师”的带领下被迫喊口号呢！

提起这个儿子，朋友总是一副恨铁不成钢的表情，不断地痛骂道：“他没脑子吗！怎么还上这样的当！他这样，怎么能让我放心呢！”火气很大。

我忍不住对他说：“你现在明白了，你要想对他放心，不用给他别的，就让他长一颗自己的脑子就行了。”

朋友叹着气，懊悔不已。

我们可以给予他人很多，唯独不能给的就是信念和思想。我们可以从别人那儿索取很多，唯独不能索取的是独立的思考。

没有任何人可以代替你思考，所以你想怎样认识这个世界、理解这个世界，都是你自己的事，这时候能帮到你的，只有你的信念。

“善泳者毙于溺。”很多在我们看来没理由影响到自己的人和话，都会在潜移默化中为自己所认同。不知不觉中，我们成为了别人思想的试验田和小白鼠，不知疲倦地为他人所用，永远抛弃了曾经有过的信念和底线，这既是不负责任的行为，也是对自身理想的背叛。一个人如果没有原则，就等于失去了自我，朝令夕改的事情将不断上演，首鼠两端的情形将不再新鲜。试想，你愿意做这样的人么?

认识你自己，不光是想清楚“我是谁”那么简单，还要明白“我要做什么”和“我不能做什么”。君子有所为有所不为不是裱起来当装饰看的，而是应当真正理解于心，用于实践当中。在这个节奏越来越快的世界里，“做自己”也越发的困难，如何调整心态，如何坚守内心的原则和信仰，我们无法给出正确答案，但是按照自尊心极强的古人的观点，想要坚守住自己的信念，良心和理想至少是断断不可放弃的。

管住虚荣，没有人能轻易刺激到你

死要面子活受罪，这真是对生活在现代社会中的我们最中肯的批评，这句话概括得实在是太到位了。

亲戚朋友们结婚了，前去参加婚宴，要随礼给“份子钱”。这本来是个传统得不能再传统的习俗，近些年却成了不少人攀比争斗的战场。

> 去年一位陕北同学结婚时，我就见识到了一场别开生面（而且毫无必要）的“争斗”：一位朋友直接送过来一张迪拜“帆船”酒店的三年期客房卡和兑换好的购物券，让我们这些出手“小气”的人啧啧称叹。而生意场上合作多年的伙伴则毫不示弱，送来了一个装着十万元现金的红包，外带一辆“雷克萨斯”的车钥匙。这不禁让我觉得，那一张红灿灿的礼单好像明星走的红地毯，不同的是明星斗艳，我们“斗富”。
>
> 我这位同学素来人缘极好，就在大家瞠目结舌之余，

他入行时的前辈也送来了礼钱：一张银行卡，至于上面有多少个零，我们已经不敢猜了。

这种在婚宴上斗富的确是有钱人的“专利”，但作为普通人，我们在其他地方花费的心思也并不少。有人病了，前去探望，送点什么好？新春大吉，前去拜年，送点什么好？同事高升，前去道喜，送点什么好？……

社会生活的进步，使送礼都成一门学问了。什么样的人该送什么样的礼，什么样的目的该送什么样的礼，等等，都成了学问。为什么要这么钻研呢？因为不能丢了面子！

说到底，这是虚荣心的问题。

事实上，在虚荣心的驱使下，暗中较劲的远不止于此：今天听说跟自己不对的同事有了高富帅男朋友，自己无论如何也要在几周内找到金龟婿；前阵子被朋友讥讽没有担当，今天出了些状况就一定要独挑大梁；上午没有陪女友买成项链使得她没能在同事前一鸣惊人，下午便是请假也要手牵手去逛金店，而且顺理成章地再为她多买一样……面对这样越发依靠攀比、炫耀才能继续生活的现状，难怪有不少人发出“玩不起”的感慨。

可问题就在于：谁让你去玩了？不玩又能怎样？

有什么客观因素迫使我们在这种事情上明争暗斗了么？没有。是被虚荣心伤得无法正常面对生活和工作的我们被自己逼得开始这样做了！

但是不得不承认，大多数情况下，我们的虚荣心都是被一个小小的契机“激活”的，我们将之称为“利点”。它并不像口耳眼鼻是个实体性的人体组织，而是一条存在于每个人观念中的底线，而且它也没有固定的量值可以用来划分，只是通过约定俗成和个人素养的有限结合出现在脑海中，谨守着的最后的“清高界线”。一旦被碰触，改变的将不只是思维方式，还有整个人的价值观和人生观。

实际上，在不同的性别、年龄，以及人生境遇下，“利点”的标准也是不同的。通常情况下是年龄越小，“利点”越高；年龄越大，“利点”成分越单一。至于具体的大小数值，就像前面讲到过的，无法有效计算。但是可以肯定的是，出于不同的社会分工和责任归属，女性的“利点”大小虽然可能与男性持平，但成分较之男性应当会普遍复杂一些。

一部网络小说里说得好：贿赂一个男人必须给他金钱和美女，但贿赂一个女人只需要一句恭维话。虽然多少有些道理，但毕竟以偏概全了些。

男人同样喜欢听恭维话——在虚荣心的蛊惑下，任何人对跟自己有关的示好都是不会加以拒绝的。从逢迎的言语到带有夸赞性质的行为，从光彩照人的衣物饰品到令人艳羡的佳人美眷，从体面的事业到充盈满仓的千万资产，每向前走一步，我们的虚荣心就被相应放大了一圈。

不知不觉中，脑中羸弱的“利点”也在不断承受着越来越强烈的冲击，直到最后，当我们在外示人早已离不开虚荣加身的时候，可能还没有察觉到“利点”早就被冲破的事实。

这世上，真的有不爱慕虚荣的男人或者女人吗？当然没有。试问又有谁会讨厌别人的羡慕呢？但是别忘了，在被人羡慕的同时，我们肯定也是羡慕别人的，这才是隐患的关键所在——差距的存在，让许多人难以保持克制。

朋友娶了貌美如花的女子或是嫁了高大英俊的男人，自己郁结不过，就会对家里的那位颇有微词；同事受到主管的赏识或是得了丰厚的奖励，自己同样会对自己现在的处境惆怅一番；别人的家庭幸福美满，自己却要整日应付家长里短，于是心生厌恶，等等。

这些让人丧气的场景每次想起来，竟都像是对自己扇来的明晃晃的耳光，而且又响又亮。为何？因为我们的“利点”受到刺激了。

所以才会有人不断地要靠伪装来保护自己的“自尊”——其实保护的是面子。于是攀比、明争暗斗的情景不断上演，甚至不去想为什么。因为有时候，我们自己都不知道为什么要这样做，我们只是觉得，不能让人感觉我不如他（她）！

可是这样做有用吗？差距经过掩饰依然会存在，伪装不会因为装得巧妙就能以假乱真，大家都是成年人，“掩耳盗铃”的典故究竟要学多少遍才能懂？

记住，从今天开始，不要让别人去衡量你的人生！

生活是属于自己的，无论贫穷还是富有，无论美满还是不幸，至少是你的真实生活。

不愿面对真实的自己，又如何去开拓更好的生活？在现在这个社会环境下，“安贫乐道”自然要有一定的限度，但“粉饰太平”就可取吗？不去攀比，不去死要面子，别人再好，也没有人能刺激到自己。

做一个堂堂正正的人，用自己的真实和自在去充实物质和思想上的空虚，无论是谁都无法让你自惭形秽，却又能够警醒你去奋发图强。这样健康的竞争和追求，岂不比“遮羞掩丑”好得多？

管住侥幸，没有陷阱能轻易网得住你

侥幸是什么？

心理学上说，侥幸心理是指偶然地、意外地获得利益或躲过不幸的心理活动。侥幸心理，是一种信念的迷失，缺少坚持，是对事件把握控制力上的懒散，若形成习惯，则会产生很严重的问题。

侥幸心理，是一种很严重的心理误区，却时常出现在我们每个人的身上。侥幸心理每个人都或多或少有一些，只是脚踏实地的人不太在意自己的这种心理，他们更看重靠自己的实干取得的成就。而一些存在投机心理的人，则比较容易倾向于自己的侥幸心理，迷信运气。

一般而言，侥幸心理重的人，生活态度通常来说都不很积极。

更糟糕的是，这种心态容易使人产生依赖。在平淡无奇的生活中，因为某种原因，使自己获得了超出自己能力范围的收益，必然高兴。从此之后，再遇到类似事件，就会期望着这种偶然的获利再次出现，从而忽视了现实努力的必要。从此堕落、懒散，直至人生失败。

侥幸心理是小概率事件发生的催化剂

身边有一个中年朋友，刚刚离婚，精神萎靡不振，一副人生无望、生不如死的样子。可周边的朋友却惋惜异常，真的找不出什么话能够安慰他。因为，他的自责已经在不留余地地折磨着他。

他本来有一个幸福的三口之家，女儿六岁，乖巧可爱，夫妻俩也恩爱有加。

一个周末，妻子因公出差，他独自带女儿在家。

这对父女在客厅里看动画片，看得津津有味，女儿手舞足蹈地模仿动画片里的人物。这时，他手机响起，是公司同事，有重要的文件需要他马上提供过去，而文件在公司的办公室中。

他想从家到公司，一个来回至少要一个小时，把孩子一个人留在家里看电视？想了想，觉得不太安全，时间太久。于是带上女儿，一起去了公司。

到公司楼下，他想就上去拿一个文件，马上就下来，就对女儿说："妞妞，你在车上等爸爸一会儿，爸爸马上下来。"

因为是夏天，天气很热，他怕闷到孩子，还特意开着车窗。

他当时也没觉得有何不妥，车就停在公司门口，旁边就有保安，又是闹市，自己上去三五分钟就下来，孩子不可能丢了。

他抱着这种侥幸心理上了楼，但当他下楼后，悲剧真的发生了。

车还在那里，保安也在那里，人群和车流也在那里，但是，孩子不见了。

撕心裂肺的痛苦就此开始了，夫妻二人放下所有的工作寻找失踪的孩子。保安没看见，路人没看见。活泼可爱的女儿，就在转眼间不见了。

这样的悲惨故事少吗？不少，我们在微博上可以常常看到类似的寻人启事，让人痛心不已！

把这种惨痛的事放在这里，无非是想说，侥幸心理带来的灾难往往是你始料不及甚至不能承受的。我们认为永远不可能发生在我们身上的小概率事件，有时候仅仅因为我们心存侥幸，它就真的发生了。

一定要克服侥幸心理

除了这样的无心之错，还有更多的追求暴利和追求捷径的侥幸心理，但是细细想来，给你带来灾难的，难道就只有“侥幸”二字吗？侥幸只是一种普通的心理状态，真正让人迷失自我的，是无以复加的贪婪。

事实告诉我们：侥幸心理说白了只是一种对待错误的态度，并不能正儿八经地和“罪过”划等号。可正如刚才我们所讲的，如果没有抱着这种侥幸心理，每个天大的错误都可能有悬崖勒马的机会。遗憾的是，更多时候，是我们自己主动选择了投机主义，决定以小搏大，这绝对是我们作为“人”生存在社会上的一种失败。

侥幸不是自信，而是恐惧之后自动生出的一种没来由的自负，就像人在面对极其可怕的事情时，明明已经害怕得浑身颤抖，嘴里却不由自主地笑出声来。是的，就是这种受到莫名刺激后激发出来的强大自我意识，像干电池耗完了最后的能量一样我们失去了所有的理智，然后心满意足地投向那个万丈深渊铸就的陷阱中，并且毫无惧色。这样不计后果的盲目的行为，注定要招致残酷的回报。

但不得不承认的是，侥幸心理确实存在于每个人心中，不过是各人互有倚重罢了。愿意一步一个脚印、勤勤恳恳做事的人不会意识到自己有过的侥幸，而是专注于已取得和能够取得的成果。喜欢投机行为的人则宁愿相信自己的“气运”：买彩票时找“吉祥号”、炒股时追涨杀跌、考试前翻书猜题……这些都是这种心理在普通人身上的表现。

大家明知道这些事情不会太靠谱，但依旧想要尝试，本身就说明了他们对生活缺乏起码的信心，想要用这种莫名其妙的乐观来排解内心实质上的焦虑，才会导致这种心理被无限放大。

如何控制侥幸心理？用老话说就是，“久赌神仙输”，阴沟里翻船的例子实在是太多了。不摆正自己的心态，就会被侥幸心理利用，上当受骗倒在其次，等铸成大错就追悔莫及了。“酒驾”被抓的，有哪个觉得交警一定会查自己？“酒驾”出了大事的，又有哪个以为自己会出事？克服侥幸心理也是这个道理，你可以通过奋斗突破自我，但千万不要为平凡的生活寻找爆破点，它炸掉的，很可能就是你所有的一切。

管住欲望，没有利益能轻易诱惑到你

面对欲望，很难有人能保持镇定，无动于衷。尤其是在30岁之前，欲望的力量几乎可以左右人的行为。这看上去很邪门的事情，却是我们都愿意承认的。

人生不如意十之有九，我们大家都这样想，但绝少有人愿意安于现状。为什么？因为我们身处的是一个灯红酒绿、纸醉金迷的花花世界，有太多的诱惑、太多的事物值得我们发泄自己的欲望了。因为个人生活与客观现实的巨大落差，我们无法摆脱欲望；因为曾经的梦想无法从容实现，我们的欲望不得解脱；因为过去曾受到的刺激历历在目，我们愤懑无比，更需要给欲望找一个出口。这些曾经有过的种种不满，像一把把优质的煤柴，把欲望之火烧得旺盛无比。

欲望，就是富兰克林讲到的那只“哨子”，为了这只“哨子”，我们付出了太多太多。为了获取名牌衣物，不顾自己的收入水平去透支信用卡；为了满足自己的淫邪恶念，长期流连忘返于红灯区；为了功名利禄，忘乎所以地投身到纷纷扰扰的斗争中去……富兰克林百年之前劝导过我们，希望我们能够果断放弃的，至今仍是我们中大部分人追逐热捧的目标。

但是有人不同意这个古老的观点，一心认定“无欲则罔，无欲则亡”，觉得欲望才是催人奋进的灵丹妙药，甚至认为我们这个世界之所以能够不断发展进步，都是源自欲望的有效驱遣。这个说法实际上是在偷换概念：对美好生活的向往是实打实的希望和憧憬，绝非可以与欲望混淆一谈的。同样的道理，对先进的科学技术的不懈追求更不能够简单地划分到欲望的框架之中——人类从直立行走的第一天起，就不断地为技术的进步而努力，并且永无止境。欲望却不是为了进步而存在的，它是从人类本性中迸发出来的、只为目的而存在的要求，是从心理到身体的一切渴望和满足，这与前面的那些追求有着质的不同。况且，欲望根本就不可能完全消除，我们希望大家能够摒弃的，也只是那些邪恶的欲望。

基督・克里希那穆提说过：“如果你对欲望不理解，你就永远不能从桎梏和恐惧中解脱。如果你摧毁了欲望，可能也就摧毁了你的生活。如果你扭曲、压制它，你摧毁的可能是非凡之美。”这样直面内心欲望的勇气，并不是人人都能做到的。面对这股时而洪流滚滚、时而细流涓涓的本能，不少人都因为感到难以掌控而放任自流，结果躯体和心理都不再受理性控制，跟着邪恶欲望的嗅觉，逐渐走入歧途。

我一直以为，经过多年的教育和宣传，现在的学生们对各种不健康思想的抵制能力应该有所提高，但直到我看到新闻上的残酷报道，才知道我们的年轻人对于各种非理性欲望的追求非但没有消减，反而愈演愈烈。

2011年11月的第一周，上海检方披露了一起中学女生“援交”案，参与者是20多名中学女生，其中年纪最小者不到14岁，最大亦不过18岁。她们通过夜店、学校、互联网相互结识，再以连锁酒店为平台，和各色嫖客进行性交易。然而令人费解的是，除组织者家中变故外，这些女孩的家庭条件都属于优越的中产阶层以上，实在让人找不出来非要从事皮肉生意的理由。当刑侦人员提到这个问题时，她们给出的答案简直让人瞠目结舌——没有零花钱。

面对这些孩子，所有人都仿若受了当头一棒。

我们不禁要问自己，我们的教育究竟错在了哪里，竟然会让这些稚嫩的生命堕入欲望的泥潭之中？仅仅是因为手头缺零花钱，只为了几件漂亮衣服和夜店酒吧的消费券，就可以毫不吝惜地出卖自己的身体？被消费主义浸染得面目全非的她们，眼中究竟还有多少东西是属于自己的?

毫无疑问，我们生活的年代是一个物欲横流的商品时代，社会还没有完全自身净化的能力。年轻一代对金钱的渴求和攀比之心变得越来越像是场灾难。面对无数诱惑，无数人跪倒在声色犬马的欲望脚下，这些人还没有站起来，又有无数人倒了下去。邪恶的欲望主导了一切，让涉世未深的人成了牺牲品。

在欲望面前，只有意志最坚定的人才能保持清醒。要记住，我们是要创造明天的人，如果连自己内心的这道坎儿都跨不过去，又何必奢谈什么理想，什么强大?

人生在世，有些东西属于自己，便理当好生珍惜；有些东西远在天涯，便不要强求，强扭的瓜不甜，更何况那瓜本来就不是你的；有些东西从天而降成了意外之喜，不必兴高采烈，因为那算得上是命中注定；有些东西失而复得，就应该好好检讨自己为何失去，又为何能复得。

冥冥之中一切没有定算，但作为活生生存在于世间的我们，若为此而大喜大悲或执念不放，甚至最终成为了欲望的奴隶，那就是最大的愚蠢了。

人的一生当中，会遇到很多陷阱，而这些陷阱之中，最为可怕的一种是自掘的陷阱——贪婪。因为贪心，人们会不顾一切地去满足欲望。这时，即使危险摆在面前，也不会去理会，不会去避让。一旦贪心遮住了你的眼睛，你便无法看到危险来临。

在阿尔及利亚有一种猴子，它们非常喜欢偷吃农民的玉米。尤其是晚上的时候，由于农民没有时间照看，所以玉米常常会被洗劫一空。起初农民拿它们没办法，后来他们发现猴子都有贪得无厌的习性，于是他们根据这种习性发明了一种捕捉猴子的巧妙方法。

农民把一只只葫芦形的细颈瓶子固定好，然后把它们拴在一棵大树下，再在瓶中放入猴子们最爱吃的玉米，然后就等着猴子们上钩了。

到了晚上，猴子们来到树下，见到瓶中的玉米十分高兴，就把爪子伸进瓶子去抓玉米。这瓶子的妙处就在于猴子的爪子刚刚能够伸进去，等它抓到一把玉米时，爪子却怎么也拿不出来了。而这些猴子十分贪婪，绝不可能放下已到手的玉米，就这样，它们的爪子也就一直抽不出来，于是只能死死地守在瓶子旁边了。

到了第二天早晨，农民们抓住它们的时候，它们依然抓着玉米不放。

事实上，我们所拥有的并不是太少，而是欲望太多。欲望使我们感到不满足、不快乐；欲望解除了我们思想的武装，使我们最终任人摆布。声、色、货、利以及口腹之欲，常常让人们因任性自欺而上当受骗，许多人都心甘情愿地跳入陷阱而不自知。

阿里巴巴总裁马云说过一句话："往往人们失败不是因为不够聪明，而是因为太贪。"正如宋学大家程颐所讲："一念之欲不能制，而祸流于滔天。"只有在诱惑面前能够克制欲望、放下贪恋的，才是真正的智者。

管住自己，任何事物都无法阻挡你

我们所在的世界，是一个色彩斑斓的世界。在这里，有无数美好的事物值得我们追求寻找，也有无数可怕的东西需要我们时刻提防。年轻的我们刚进入这个世界时，对一切都懵懵懂懂，对所有的人和事都充满了好奇，既想逐一尝试，又担心会遭到本不应承受的伤害，仿佛自己正小心翼翼地行走在薄薄的冰面上，寄望在谨小慎微中慢慢走到对面的河岸。这种出于保护自我的为人处世，不是最保险的，却最为安全，但同样是我们不愿提倡的。

网上有朋友发帖留言：你有没有试过独自一人去外面旅行很久？你有没有在上学的时候去边远地区支教？你有没有轰轰烈烈地谈过一次恋爱？你是不是像我一样，每天在电脑前睡去，在浑浑噩噩中步入而立之年？如果是这样，当你不去支教，不去旅行，不去拼一份奖学金，不去尝试没试过的生活，整天挂着QQ，逛着淘宝，干着80岁都能干的事情，你还要青春有什么用？

这样的“吐槽”既是对无聊生活的不满，也是对个人行为的抱怨。要知道，有付出才有收获。什么都没有做过，什么都没有尝试过，待时光匆匆流走后又追悔莫及，岂不是太过讽刺？

倒不如从现在开始，趁着记忆力还没有减退，趁着各种雄心壮志尚未熄灭，趁着你的青春还有几年，抓紧一切时间武装自己，让自己先强大起来吧。这样，你至少不会在未来的挑战中输得一败涂地。

强大的第一要务，也是最重要的一点，就是学会保护自己。而这个“保护”显然并不是指机体上的，而是指在心理上为自己设置保护伞。我们这一章通篇都在讲述如何克制住自己的那些不良情绪和错误的观念，树立正确的思想和理念，就是为了让年轻的读者们在纷乱的世界中学会保护自己，不在迷茫中失去自我。

对自己有志存高远的要求，为自己树立自信，克制自己的负面情绪，不在诱惑面前低头，不去与欲望做无益的纠缠。善待自己，同时也严格要求自己，脚踏实地地开始真正属于自己的生活，让自在和知足作为睡前的祈祷词，用乐观的心情和态度去面对新一天的到来。或许这些都是大而化之的东西，但如果我们真的能做到，哪怕只是其中的区区几项，我相信，我们整个人都会发生脱胎换骨的变化。这意味着我们可以掌控自己的行为和思想，有能力照顾好自己。没有人能影响我们的情绪，没有人能刺激到我们，也没有谁可以让我们改变初衷。

不被别人利用，不被别人伤害，你始终都在做自己，始终都在以自己的名义为自己的梦想而执着。未来的道路或许很难走，但是在拥有强大信念的你的眼中，这些困难又算得了什么呢？我们连世界上最复杂、最桀骜不驯的物种——人类自身——都能驾驭得了，还有什么能够阻挡自己的！

多贪多欲的人，纵然富甲天下，也无法满足心中的贪欲，等于还是个穷人，他们拥有的财富是痛苦的根源，而非幸福的靠山；而少欲知足的人，才是真正的富人。

知足常乐，不是安于现状的骄傲自满。知足常乐，知前乐后，也是透析自我、定位自我、放松自我。

弟子问禅师："世上最可怕的是什么呢？"

禅师说："欲望！"

弟子满脸疑惑。

禅师说："听我讲一个故事吧！"

有一个农民想要买一块地，他听说有个地方的人想卖地，便决定到那里打听一下。到了那个地方，他向人询问："这里的地怎么卖呢？"

当地人说："只要交1000块钱，然后就给你一天时间，从太阳升起的时开始，直到太阳落下地平线，你能用步子圈多大的地，那些地就是你的了，但是如果不能回到起点，你将不能得到一寸土地。"

这个人心想："那我这一天辛苦一下，多走一些路，岂不是可以圈很大的一块地，这样的生意实在太划算了！"于是他就和当地人签订了合约。

太阳刚一露出地平线，他就迈着大步向前疾走，到了中午的时候，他回头已看不见出发的地方了才拐弯。他的步子一分钟也没有停下，一直向前走着，心里想："忍受这一天，以后就可以享受这一天的辛苦换来的欢悦了。"

他又向前走了很远的路，眼看着太阳快要下山了，他心里开始着急，因为如果他回不到出发点就一寸地也得不到了，于是他走斜路向起点赶去。可是太阳马上就要落到地平线下面了。他加快了脚步，只差两步就到达起点了，但此时他的力气已经耗尽，倒在了那里，倒下的时候两只手刚好触到了起点的那条线，那片地便归他了。可是那又有什么用呢？他的生命已经结束了。

禅师讲完，闭目不语，弟子却从中开悟。贪婪并非是遗传所致，它是人在后天环境中因自私、攫取、不满足的价值观而出现的不正常行为。

欲望过多，再大的胃口都无法填满。贪婪的结果只会是无穷尽的烦恼和痛苦。

人生之中，欲望与现实之间的鸿沟永远无法逾越，因为人的贪欲无止境，永远无法满足，这正是人性最大的缺憾。我们每一个人多少会遇到一些陷阱，而这些陷阱之中，最为可怕的一种是我们亲自挖掘的。因为贪心，我们忽略了自己的弱点，不顾一切地去满足我们的欲望。这时，即使危险摆在面前，我们也无暇去理会、去避让，让贪婪遮住了我们的双眼，使我们丧失理智；蒙蔽了我们的内心，使我们无法感受到幸福的温暖。

第 5 章

消除导致内心
不够强大的因素

我们无法左右外界的世界，所以只能让自己的内心更强大。其实，在人生当中，我们最应该战胜的敌人是自己，我们只有努力消除导致内心不够强大的因素，让自己从内心深处变得“无畏”，变得强大起来，才能拥有淡定从容的心态。

不在意别人的眼光，只专注于自我

你是否很在意他人的眼光？会不会因为别人的一句话而打乱办事节奏？是不是很容易分心？如果你常生活在他人的影子里，很可能无法集中精力做一些事情，更形象地说，你的内在能量涣散了。比如，你满心欢喜地赴一次宴会，并且精心打扮，可是却有人说你的衣服颜色太鲜艳了，这时候，你便会担心是不是在场所有人都会这么认为，原本挂在脸上的笑容也随之散去，整个人看起来一点儿精神都没有。

这并不是你希望的结果，可是无意间就会因为他人的目光或是语言而改变精神状态，以至于做事不在状态，这种情况还常常出现在工作中。

当你面对不苟言笑的老板时，自己不知不觉间会感到压力，连原本想好要说的话，出口时都变得结结巴巴，因为你看到对方皱起的眉头会担心，老板是不是很讨厌我？我刚刚是不是说错了什么？

有些时候，你很想好好开展一项工作，却又担心同事会用异样的眼光看你。或是做某件事情之前，你总是左顾右盼，担心不合老板的心思。最后，不仅没有将工作干好，还让自己整天生活在压抑的状态中，此时的你需要突破和改变。

我们经常被他人影响，其实是我们自己不够专注于自我。你并不比别人差，你拥有专业知识和工作经验，为什么不专注于自己和自己做的事，而去关注他人在说什么、做什么、怎么想？

在你的周围，有各种性格的人，大家看待事物的角度不同，因此处理事情的方法也不同，如果你因为他人态度上的变化而耿耿于怀，那么你很容易在工作上出现失误。想要改变自己，必须学会专注地对待一件事情。

你刚刚来到新公司，发现部门同事工作的时候都非常不认真，而你却想好好干，因此，大家常在背后议论你："这么认真，每个月薪水不还是和我们一样。"如果你因为这些议论而心神不宁，那么你很可能无法专注于工作。不如把这些话抛在脑后，把全部精力放在工作上，毕竟这是你将来得以发展的基础。

你可能会说："能够做到这样很难，因为那些声音总是出现在耳边。"改变自己的过程中，需要毅力和勇气，如果你可以坚持下去，那么就能够最终做到不为身边的异样目光所困扰。

就像赛跑一样，如果你总是关注其他队员的情况，是很难获得胜利的，只有沉浸在自己所营造的"氛围"中，注意节奏，才能尽可能冲在前头。

不论是工作中还是生活中，如果你过多在意他人的评价或是"眼光"，很可能无法逃脱对方的"影子"。要知道，自己既然是这个社会中的个体，便是独立的，就需要有自己的思想，不论面对什么事情，你都得仔细想想利与弊。

想要完成自己的目标，就得不断向前进，处事的过程中不免会听到各种声音，遭遇各种“眼光”，如果你可以将此转化为动力，那么，你离成功便更近了一步。

记得台湾一个男歌手唱过一首歌叫《海阔天空》，这首歌的歌词很打动人：

……
习惯伤痛能不能算收获
庆幸的是我一直没回头
终于发现真的是有绿洲
每把汗流了，生命变得厚重
走出沮丧才看见新宇宙
海阔天空在勇敢以后
要拿执着将命运的锁打破
冷漠的人
谢谢你们曾经看轻我
让我不低头，更精彩地活
……

这首歌给很多人以力量，它告诉我们：每个人都有被他人看轻的时候，而那不应该是对你的打击，而应该是你拼搏下去的动力。因为，如果不是这样，你也许不会有坚定的决心改变自己、突破自己，你也许就不会看到一个更精彩的自己。

所以说，不论身边的人对你是什么态度，都不必太过在意，因为只有你最了解自己，清楚自己擅长什么。

如果希望自己能够更好地生存，那么内心必须强大起来。当你听到各种“声音”时，只有保持心态平静，才能充分发挥思考的力量。

罗珊原是一名县电视台播音员，当得知省电台的招聘信息后，便立刻报了名，很多人说：“你既不漂亮，音色也不算太好，何必去做无谓的竞争呢？”

还有人说：“省电台的职位这么紧俏，很多人挤破头都没能进去，你一名普通的县播音员，肯定没有机会。”

劝说她的人不在少数，罗珊总是一笑置之，然后投入到紧张的复习中去。后来，凭借优异的表现，她在几百名竞争者中脱颖而出，顺利进入省电视台工作。

当朋友与同事都万分惊讶的时候，罗珊还是一笑了之，一点都不骄傲，因为她总是将更多时间和精力放在如何提高自己上。在面试的过程中，评委老师不仅非常欣赏她的热情与自信，还特别关注到，罗珊的知识面很广，语言很有说服力。这一切都比她的外貌和音色重要得多，罗珊正是因为拥有很好的心理素质，又准备充分，所以最终获得了成功。

想要将内在能量聚集起来，就必须尽可能集中精力，这是实现目标的关键，练就强大的内心并不是一天两天就可以实现的，在这个过程中，你需要不断进步。起初，当你耳边出现不和谐的声音时，你要坚定地告诉自己：我的目标是完成这个项目，其他一切都与我无关。久而久之，你的目光便会渐渐向目标靠拢，其他因素对你的影响会慢慢减弱。

当你能够正视这些的时候，你便需要学会分析：对方为什么会这么说，出于什么目的，其思考问题的角度是否和自己不一样。分析的过程能够帮助你更快获得进步，你的思维也能够获得提升，这是一个良性循环，你看待事物的角度越全面，思维缜密性越高，你就越容易产生自信，会更加有思想、有主见。

当你想完成一件事情时，你就必须将全部要素调动起来，如果其中一部分因为太过在意他人的看法而丧失能量，你需要将这部分要素重新聚集起来。不妨常常为自己打气，鼓励自己积极思考，你没有必要因为他人的一句话而改变原有计划，更不要认为自己非常平庸，你就是独一无二的，你的想法是最适合自己的。所以说，要跟着自己的想法前进，他人的建议只是参考，通过分析对方的想法，从而获得更全面的思考方式，以帮助自己获得成功。

越在意越恐惧，
恐惧让一切能量消失

越是在意他人的看法，就越容易捆绑住自己的手脚。越在意越恐惧，越恐惧越紧张，越紧张结果就越差，这是一个恶性循环。

所有刚入职的新人都有过这样的工作经历：

上司交给你一项任务，要求你去完成。你绞尽脑汁用尽全力按自己的想法，做出一个自认为相当不错的方案交上去。

可是换来的却是上司的极大不满，“工作不能这么做”“这个地方，这种错误不应该犯的”……

上司一番痛批后，要求你继续完善，这时你的激情大概已经削减了一半。在修改方案的时候，你的大脑大概会不由自主地想，这下上司会怎么想我啊？一定觉得我工作能力不行，我是不是表现得太差了？总之，很少有人在这个时候能全身心地去研究工作方法这件事。

第二个方案严格按照上司的意见修改后，上司还会提出新的意见，是上次没有提到的。

这一次你的激情估计已经彻底没了，记下意见，一板一眼地修改。

最后，几次三番地修改完善后，上司勉强认可了。这个时候，你会发现，最终做出来的东西已经不是自己最初的想法了。

而更要命的是，即使是按照上司的指示一步一步改完，上司也仅仅是勉强接受，完全达不到你表现自我良好职场风貌的效果。

为什么，两个人都这么受折磨，结果却很糟糕？显然，是因为你的主要精力不在工作上，而是放在了对老板态度的猜想上。

你在修改过程中一步步放弃了自己的想法，猜测老板想要的结果。甚至为了不再让上司失望，就一板一眼照上司的临时交代去做。上司想要看到你的超常发挥，想要看到不一样的创意，结果你只是保守地交出了一份勉强合格的答卷。

之后，你在上司面前失去了自信心，畏惧他，越发小心翼翼地表现自己。当你小心翼翼时，你的行为就会畏首畏尾，这样不仅不能挖掘出你的潜力，反而让你本来拥有的能量在萎缩，就好像晕考场的考生，因为紧张，本来是80分的水平，却只考了60分。

很多人的恐惧来自于对他人看法的“在意”，这种感觉非常微妙，其关键在于你不够自信，没有将目光紧紧锁定在目标上，用一句俗话说就是：你没有把心思用在正题上。

不管做什么事情，能让自己全身心地投入进去，感受到其中的乐趣才是最重要的，别人的评价只是一种外因，这种外因如果是好的建议，可以帮助你更好地完成事情；如果是无关痛痒的品头论足，于改进无益，那就大可忽略不计。

外因通过内因起作用，他人的观点是会影响到你和你做的事情，但最终要由你本人来决定。要问清楚自己“我是因为想做这件事情而去做”，还是“做这件事情是为了得到别人的表扬”而做。

小吴刚来公司上班不久，便得到了老板的赏识，认为这个年轻人有干劲儿。这种情况下，同事不免会有一些议论，小吴从没有将此放在心上，每当同事提出质疑的时候，他总是回头看看之前的行动，再审查接下来要执行的计划，不完善的地方便会修改，如果准确无误，他会继续做下去。一段时间后，同事们终于意识到，他们身边的小吴是一个工作能力非常强的人，各种议论便渐渐消失了。

如果你因为太过在意他人的态度而开始恐惧时，那就停止手上的工作，重新问一问自己上面的问题吧。你的工作是为了解决问题，还是为了得到他人的表扬？你工作的目的是什么？如果确认完毕，就沿着原来的“路线”走下去，不必在意他人的看法，随着时间的推移，好的效果会慢慢突显，这时候，你的实际行动便会让他人哑口无言。

乔布斯被人称为疯子，但他不在意别人怎么说他，他只做他想做的事，于是他真的“改变了世界”。

马云在创业之初，面对同行纷纷折翼，他却始终对互联网抱有期望，不顾别人说他是骗子，到处融资，说服他人相信自己，最终他创立了中国最大的互联网商务平台阿里巴巴。

乔布斯和马云在人生低谷的时候比我们受到的嘲讽要多得多，摆在他们面前的机会和诱惑也多得多，他们可以放弃自己的理想去接受一份待遇优厚的工作。肯定还有很多人劝过他们放弃，对他们说“不可能”，甚至有的合作伙伴中途退出，投资商半路停止资金注入……

很多问题吸引着他们的注意力，需要他们解决，但他们关注的永远是自己的目标、理想，永远是出现问题就想办法解决问题，继续做自己的事情，而不是他人在这个时候如何看我，将来失败后他人会如何嘲笑我。也许他们同样想过这样的问题，但那点儿称不上风险的“风险”显然不在他们的考虑范围内。

所有成功者都经历过低谷期和彷徨期，之所以成功的是他们，是因为他们没有被大众的思想淹没，他们选择了坚定地走自己的路。

最终，坚持走下去的人真的做到了普通人没有做到的事情。关注自我，就是可以变得这么强大。

了解别人操控你的方法，你才能“反操控”

有时候，你也不知道为什么，一瞬间，情绪就有了变化，因为对方的某句话，你感到愤怒、沮丧或是沾沾自喜，当你无法调节情绪的时候，你已经被他人控制了。你讨厌被别人控制，不想生活在坏情绪中，但是自己会不知不觉被影响，做事的节奏被打乱，无法在心平气和的状态下工作，导致失误的出现。

有时候，因为他人一句挑衅的话，你火冒三丈，恨不得冲上去揍对方。当同事告诉你，老板看了你的提案后很不高兴，你很可能会马上陷入恐惧中，生怕被老板责罚。或是因为他人的议论而心烦……如果你不想这样，至少要明白，别人会用什么方式来操控你的情绪。

他人能影响你的方法有很多，你越在意，就越容易陷入对方的“攻势”当中，他人得到了自己想要的结果，而你却深受其害。正因为你在意，所以容易被影响，任何风吹草动都会让你觉得心神不宁，你在意的事情在你心中占据重要的位置，一旦被他人发现并用来对付你，你的情绪就会立刻波动起来。

职场中，你可能会遇到这样的情况。你正在完成一项工作，同事悄悄告诉你，老板对你的表现非常满意，甚至将老板表扬你的话一一说出。此时，你的心情会愉悦起来，虚荣心立刻得到满足，因为获得老板的表扬是非常不容易的，你似乎看到了希望。正因为对方了解你的心态，所以他对你说的话，才格外有分量，甚至句句“击中要害”。

被控制的过程不一定痛苦，因为你能够通过对方的言行，找到心灵上的安慰，获得自信与快乐，虽然不同的人，在他人的情绪操控中会产生不同结果，但无一例外，他们的情绪会发生变化。

露露是一名实习老师，她工作非常认真，同学们也很喜欢她，与她一同来实习的琳琳告诉她，学校很满意露露的表现，想将她留下来任教。这无疑是个好消息，接下来的日子，吃了“定心丸”的露露更加卖力工作，学校老师对她赞不绝口。

很多时候，尤其是当你面对不确定的情况时，心中会莫名地产生惶恐，不知道自己怎么做才能迎合对方的心意，这时候，如果有人告诉你，他对你印象如何，肯定会让你的情绪发生变化。你可能非常喜欢某个女孩子，却又不知道她的心意，此时，如果身边的人告诉你一些相关的只言片语，你的情绪肯定会受到影响。

正是因为别人了解你所关心的事，所以更加容易抓住你的“软肋”，他的每一句话，都可能让你整夜辗转反侧。别人想要操控你的情绪，仅仅靠一句话或是一个眼神，就能做到。其实，根本原因在于你自己，他人想要影响你的主观意识很难，除非你本身就很容易动摇。

生活在这个复杂的社会中，谁都希望自己能够过得更好，不免就会有功利心，因为渴望得到老板赏识，所以你愈加在意自己的一言一行，生怕哪里做得不合老板心意；面对比你职务高的上级，你难免会流露出不自信，却又担心被对方发现；明明只拿五千的月薪，却和朋友说，你月薪过万，因为你乐于享受他人对你的羡慕之情……

功利心的构成要素，本身就相对浮华，然而你又特别在意，所以形成你心理上的“软肋”，这是心理操控的主观方面。

从客观上说，他人也有功利心，所以人与人之间存在竞争，他人对你的心理暗示，带有强烈的目的性，通过各种方式，将你的情绪搅乱，甚至操控你的心理，这是心理操控的客观方面。对方想讨好你，会说一些阿谀奉承的话。对方嫉妒你，会抓住你的某个缺点不放，甚至四处宣传，将你的缺点放大，让其他人不再看好你，同时影响你的注意力。别人担心你抢了他的“位置”，可能会不断向你灌输消极思想，让你觉得争这个位置没什么价值，等等。

你在意的方面，往往会成为他人操控你的“工具”，正因为在意，所以容易被对方拿捏，这便是为什么你的主观意识容易发生改变的原因。

有些时候，别人更了解你，这就是所谓的“当局者迷，旁观者清”。所以，当他人操控你情绪的时候，很可能你还蒙在鼓里。你处于某件事情中，或许只看到了它的某个方面，由于你认识的片面性，别人对你的影响就可能“乘虚而入”。你和好朋友闹矛盾，暂时忘记了曾经的快乐时光，把你们之间的友谊搁置一边，光顾着闹脾气，只看到了目前你们之间存在的问题，关系也就变得微妙起来，这时候，他人的一句话，对你们的影响往往会很大。如果有人嫉妒你们之间的深厚友谊，可能会趁机说一些离间你们的话，在现阶段，你可能本身就已经开始怀疑朋友对你的忠诚度了，这时候，他人的只言片语，都可能对你实现“心理操控”。

人的一生要经历不同阶段，会遇到很多事情，可能在你还没明白自己处境的时候，他人已经有所洞察，因为站的角度不同，别人能够更清楚地定位你，这时候，他即便只对你说一句话，都会对你产生不小的影响。

谁都不会在平坦的道路上走一生，爬山经历顶峰，下坡遭遇低谷都是正常不过的事情，面对不同环境，你的心理也会相应发生变化，会经历敏感期。他人如果捕捉到这个时刻，便更容易从心理上影响你，因为这个时候，你是脆弱的。

> 上学的时候，宿舍有一个家庭贫困的女生，大学四年，我们都尽力帮助她，每次都让她非常感动。毕业时，女孩子中哭得最厉害的便是她。不难想到，大学四年对她来说，不仅有深刻回忆，还有另一番情节，因为在她人生中最困难的时候，得到了大家的帮助。

人在脆弱的时候，情绪最容易受到影响，他人想要对你进行心理操控也容易得多，对你来说，主观世界可能是灰蒙蒙的，导致你无助、彷徨，你渴望得到他人的关怀与照顾，这时候，如果有人愿意挺身而出，你的心往往会立刻倾向对方。

有时候，你处在情感迷茫期，你需要他人的帮助与安慰，如果有人想利用这个机会接近你，那他就会牢牢把握这个时机。正因为需求与供给的关系完美地结合，才有利于心理操控术的实施，这便是别人能够操控你情绪的根源。

你与别人交往的时候，可能会相互谈论点儿什么，这个过程中，对方或许暗暗记下了你的想法。有时候，你的一个不经意的举动，可能就会引起他人的注意，从而分析出你的性格特征。我们说的每一句话，或是一个小小的动作，都隐藏着很多信息。

在你的周围，可能有很多双眼睛“盯着”你，他们希望通过观察你的言行，找到你性格中的弱点，从而实现对你的情绪操控。

张女士与李先生结为夫妻，她成为李先生孩子的继母。起初，孩子对她很排斥，张女士认为这是一种正常的心理现象，不但没有生气，反而非常关心孩子。经过一段时间相处，张女士逐渐摸清了孩子的性格，之后，陪着孩子一起做其喜欢的事情，又能够巧妙处理孩子的无理要求，时间久了，孩子便接纳了她。

正是因为张女士善于捕捉孩子的一言一行，从而掌握了他的性格特征，之后，就可以有的放矢地进行沟通与互动。本来，单亲家庭的孩子就容易产生性格缺陷和不安全感，张女士在与孩子相处的过程中，通过温柔的语言和善解人意的方式，正好弥补了孩子心灵上的缺失，所以容易打动孩子。

一个眼神，对方就能捕捉到你此时的心情；一个动作，就会让别人联想到你的下一步行动。靠着这些，他人便能够分析出你的心中所想，你想要的，或是你在意的，都会被他人记录下来，他们就能够对你进行心理操控，当然，他们带有目的性的，或是想拉拢你，或是想将你推向不良情绪的深渊。

生活中，我们常常受到他人的心理暗示，对方通过语言、神态或是动作，对你的心理和行为进行干预。有时候，对方希望通过此种方式更好地表达想法，也显得更加礼貌，这样的心理暗示，也是操控他人情绪的一种方式。例如，你同老板去拜访客户，期间，有些话可能不方便从老板的口中说出，他可能说了很多铺垫的话，又常常用充满含义的眼神看你，这时候，他就在对你进行暗示，希望你能够明白他的意思。

所以说，有时候，想要表达某种意思，并不一定直接说出来，而是进行旁敲侧击，说一些与该话题有关的事情。使用这种表达方式，有其目的性，因为在暗示的过程中，暗示方处于主动，而你处于被动，便于他们更好地传达信息。

心理暗示是一种巧妙的心理操控术，正因为表达方式很“模糊”，所以才让被暗示的人愈加伤脑筋，需要经过猜测和分析，并且结合实际情况，想到最有可能的结果，这便是被暗示方会产生不良情绪的原因。心理暗示的前提，是双方都了解整个事情，或是双方的利益关系在其中。例如，你有把柄抓在别人手中，他想要让你为他做事，很可能旧事重提，这就是一种心理暗示，如果你害怕对方将此事到处宣传，就会答应他的要求，对方的心理操控也就成功了。

他人想要操控你的情绪，有很多方式，因为对方善于抓住你的“软肋”，通过用心观察，锁定你在不同时间段所处的环境和拥有的状态，心理操控往往隐藏在对方的言行中，好似“润物细无声”。了解对方操控你的方式，是你进行“反操控”的前提。

有自己的判断力是拥有强大内心的前提

你可能经常遇到这样的情况：自己正在做某件事，可是，大家对此持不同观点，每个人都说得头头是道，说得你心烦意乱。

这个世界就是不缺评论家，每个人所处的环境不同，看问题的角度不同，他们会更多考虑自己的因素，所以评论往往带有片面性。

面对大家各抒己见的情况，你会产生不适感，因为有些人否定你的做法，有些人对你指指点点，还有一些人觉得你就应该按你的想法去做，你的心情像在经历过山车，还怎么有心思解决具体问题呢？

如果你总是盯着他人的评论，注意力便难以集中，你可能想要试图改变他人，却最终让自己更加疲惫，所以说，不如努力调整自己的心态。

太关注身边的评论，容易让你的思维涣散，最终感到迷茫，应该从自己的实际情况出发，保持清醒与理智，从而提高判断力。

小敏报考了会计师考试，准备辞职在家备考，好友小梅表示不理解，她觉得既然有一份好工作就要把握，同事张姐却支持小敏的决定，因为她很后悔当初错失了参加会计师考试的机会。

面对身边的不同声音，如果小敏能够从自身情况出发，全面考虑，就不会因为他人的意见而迷失方向。朋友和同事之所以说出不同看法，是因为她们的人生经历不同，但是不论哪一种经历，都不属于小敏，她有不同于他人的实际情况。每个人的价值观不一样，如果你过于关注他人的评论，你的思路往往就会被打乱，这个时候不妨多听听自己内心的声音，多感受一下内心的渴望，它们会让你的头脑更加清醒。

生活中，我们常常面临选择，此时，走适合自己的路才是最重要的，很多人说“比学历更重要的是选择”。什么阶段，你该做哪些事情，你比别人更清楚；你喜欢做什么，也是由你自己决定的。人生不同时期，你的心理状态与所处环境都不一样，身边总是会出现各种声音，这时需要你理智地对待它们。

有思想的人能够做生活的主人，面对事物，他们拥有独到的见解，他们的选择尊重自己内心的愿望，所以会快乐。面对各种质疑和评论，正是你培养判断力的好机会，与其为此烦恼，不如趁机提升自己的心理素质。

张帆是省电台的著名女主播，在事业最辉煌的时候，她选择离开，远赴北美留学，很多人无法理解她的做法，身边出现了很多质疑和惋惜的声音，大家一面猜测她是否同工作单位产生了矛盾，一面感叹这位事业有成的女主播离职……尽管一时间，唏嘘声铺天盖地，但是张帆都微笑面对，坚决遵从内心的想法，果断去读书了。

结果呢？几年后，当她再次出现在众人面前时，不仅被另一家知名电台聘用，还拥有了自己的品牌工作室。当人们再次对她议论纷纷时，她宣布了即将结婚生子的消息，大家不禁再次评论：张帆这样做，肯定会错过她的事业黄金期，当然还有人猜测她先生的财力……

现在，已升级做妈妈的张帆依然活跃在大家的视线中，她是那么的幸福……

可见，愿意倾听自己内心声音的人会有更加明确的生活目标，因为他们始终知道自己要做什么，他们敢于放弃，敢于追求，这些都源自于他们对形势的超强判断力。

拥有判断力的人，首先要有主见，这是一种能力，它源于内心的自信，想要作出合理的判断，就得整合多方资料。其中的关键在于，你作出的决定要符合你的实际情况，在这个过程中，你不必过于紧张焦虑，而是应该相信“水到渠成”。

生活中，我们之所以焦虑，是因为眼前的事情就像一团乱麻，想要拥有准确的判断力，应该先将这些事情整理清楚，这时，我们不妨尝试独处，在冷静的环境中思考，对事实抱持客观态度，可以将复杂的事情简单化，如果面对一时间不能把握的事情，可以先将其假设成熟知的事，当偶然转化成必然的时候，心结就打开了，便有利于你处理问题。

生活中的事情亦真亦假，与其“耳听为虚”，不如“眼见为实”，当然，人身上最睿智的“眼睛”是心灵，很多事情，如果你愿意用心去感受，就能收获很多。

面对不同的评价，不妨先找找产生这些评价的原因，便会发现，他人之所以这样说，是因为他人与自己看世界的角度不同。与其模仿他人，不如走自己的路。

正因为我们身边生活着形形色色的人，世界才如此多彩，为什么不能接受异议呢？与其为此闷闷不乐，不妨尝试接受它们，让心里充满阳光。

人们常说“退一步海阔天空”，所以没必要对事情斤斤计较。

老张与老王都是公司里的技术骨干，企业要研发新产品，需要两人分别提出设计方案。方案一出，两份不相上下，双方又各自向老总阐述了设计理念和方案的优势，经过很长时间的评估，公司决定采用老张的方案。

同事开始在老王耳边嘀咕：“你的资历比老张深，以前每次的设计都用你的，这次老总肯定是考虑错了等等。”

老王没有将这些评论放在心上，还是每天乐呵呵地工作，将之前的方案修改了好几遍，后来，老总与他商量研发细节，决定让老王带着部分设计进入研发工作。

生活中，如果你有足够的包容心，其实就是在为自己的心灵放假，因为你拥有接纳更多事物的能力，你便有更多机会去寻找生活之美。有时候，看似退了一步，实际上你获得了更多。敞开胸襟，是为了接纳更广阔的世界，你接受的越多，你得到的幸福就越多，因为你的视野更加宽广了。

他人对你的评论，可能会在不经意间冒出来，有时候像被泼了一盆冷水，有时候像瞬间跌入火炉中，如果你将这些看成是应该发生的，心情便会平静很多，生活中也会减少许多烦恼。

不要过高估量自己在他人心中的位置

生活中，有些人过多地在意自己，总希望自己是鹤立鸡群的那个，希望朋友都围着他们转，希望他们的名字常常挂在大家的嘴边。其实，这是虚荣心在作祟，以为这样就能证明自己是成功人士了，实际上，越是高估自己的人，越在意自己在他人心中的位置，之所以这样，是因为他们缺少内在沉淀。纵观你的周围，那些真正有实力的人，往往都很低调，他们不会在朋友面前高谈阔论，而是安静地听别人说，适时发言，好像有一种与生俱来的优雅格调。

经常高估自己在他人心中位置的人，会表现出“以自我为中心”的姿态，关注自己的一言一行，是否能够引起对方的注意，甚至爱出风头，希望大家都能看他的“表演”。这样的人，过于关注自己的外在表现，却忽视了对内在的提高，不妨尝试着让自己的内心丰富起来。

生活由一件件具体的事情组成，如果我们能够尽全力做好每一件事，那么就会在享受过程的同时，发现其中的美好。

小薇大学毕业后，开了一家绣品店，与其他在大公司工作的同学相比，她显然处于劣势，然而，她每天笑吟吟地面对来往顾客，一针一线绣出许多美丽的图案。一次，她参加同学聚会，安静地听着大家说工作的事。有人问她："你在哪里工作？"小薇拿出亲手完成的绣品，对大家说，自己开了家小绣品店。虽然身边的同学，有些已经升为主管，但是看到小薇恬淡的神情，不免流露出惊讶，甚至，有不少同学主动找小薇聊天……

小薇之所以能够生活得快乐，原因便在于她是为自己而活，拥有一份好的心态。有些人，总是带着很强的功利性，希望自己在他人眼中是有地位的，他们的生活好似在"表演"，总想将最好的一面展现给他人，从而获得赞美与羡慕，殊不知，他们的心灵是空虚的。

其实，你不妨将目光转向自己的生活。你的工作内容是什么？下班后，是否会约上朋友小聚？回到家里，与家人共享天伦……从每一件事情中，你都能找到生活的意义，享受过程，你就能体会到细节之美。

教师这份工作需要每天面对学生，关注孩子们的成长，融入他们的生活中，这样便能体会工作的意义。你回到家里，陪孩子一起搭积木，看到孩子专注的神情，你就会觉得幸福。生活在一起的夫妻，互相关心，在点点滴滴中，就会发现细节之美，从而感受到温馨。

当你发现，生活原来如此美好的时候，便会将更多注意力放在充实自己的内心上，心灵得到滋润，便能够抵御外界的浮华。

容易高估自己在他人心中的位置，是因为你存在优越感，这样做，表面看来得到了他人的羡慕，实际上别人觉得很难接近你。最好的办法是你可以试着学会倾听。

“听”是用耳朵，而“倾听”却是用心灵。当你全神贯注地倾听他人说话时，他人便能够感觉到来自你的尊重，这样一来，他人便愿意说更多，你就能够了解得更多。

有时候，我们在倾听的过程中，内心处于防御状态，希望对方的想法与自己一致，如果你愿意保留自己的观点，而让对方尽可能地将其想法表达清楚，那就做到中途不反驳对方，如此倾听才能顺利进行下去。

听人说话是社交场合中一件很重要的事情，从某种意义上说，这也是一种礼貌，是对别人的一种尊重。而且，越是仔细听对方说话，越能鼓励对方说得精彩动人，同时自己也获益匪浅。

所以，在别人说话的时候，你应静静地听着，不时加以回应，如点头或者微笑，在对方没有讲完前不去打断他，那么你将非常受欢迎。

值得注意的是，你不能一边听，一边在想别的事，从而把别人的话都漏掉了。你要用心去听，把注意力放在对方的身上，抓住他的每一句话，甚至关注他讲话时的态度和神情。你最好能够在事后准确地复述出对方所讲过的话，连对方用什么语调，说话时做了些什么手势，你都要记得清清楚楚。

有许多人误以为在听人说话的时候自己没有什么事做，所以总觉得无聊，不耐烦听别人讲，一定要别人停下来，自己来讲才痛快。这些人并不知道，在听人说话的时候，其实是有许多事情可做的。

第一，谈话的目的是为了增进双方的了解，而喜欢听别人说话，就是深入细致地了解对方的重要手段。所以，我们在听人说话的时候，必须仔细地把握对方说话的内容，以及他的声调和神态所流露出来的情绪。有时，对方说得很清楚，听来就比较容易理解；有时，对方的话说得很不清楚，零乱或者含糊，这时就需要细心地一面听，一面加以分析、整理和揣摩。

第二，在我们听人说话的时候，同时还可以有一段思考的时间，以便整理我们自己的想法，并使用恰当而明确的词句表达出来。

这就是为什么一个最善于说话的人，必须是最善于听人说话的人的原因。我们经常看到那些很会说话的人，总是先倾听别人说话，用微笑、用点头、用看似随意的问话，鼓励别人畅所欲言，而他们却静静地倾听，到了一个合适的段落他们才开口，但他们的三言两语常常能抓到要点，牢牢地抓住别人的注意力，深深地打动别人的心，很快就可以使人信服，并得到对方的认可。

大约80%的事与沟通有关，大约80%的障碍由沟通不畅引起，而大约80%的沟通不畅由不懂倾听引起。

总之，在听的时候，你可以看，可以想，可以通过观察去了解对方……总之，你可做的事情很多。照一般的情形来讲，如果两个人交谈，至少有一半的时间你可以静静地听；如果有十个人在一起谈话，那么，你就至少有十分之九的时间在听。这是很公道的一笔账，与其你打断别人的话，侵占别人应该说话的时间，不如让自己多听多想，多准备。

你还应该用眼睛去发现别人的闪光点，然后毫不吝啬地赞美对方，赞美是一门学问，巧妙地赞美他人，会提升你在别人心中的位置。只要是他人身上有的优点，你都可以毫无顾忌地表达赞美之情。

能力会在批评下萎缩，而在鼓励下绽放花朵。同样，一个人要想获得别人的喜欢，让他人对自己有好感，就要学会赞扬、鼓励他人，给他最想要的赞美。

真诚地赞美一个人引以为荣的事情，可以更好地与之相处。

大音乐家勃拉姆是个农民的儿子，生于汉堡的贫民窟。由于他没有受教育的机会，更无从系统地学习音乐，因此，他对自己未来能否在音乐上取得成功缺乏信心。

然而，在他第一次敲开舒曼家大门的时候，他的命运就在这一刻改变了。当他取出他最早创作的一首C大调钢琴奏鸣曲草稿，手指无比灵巧地在琴键上滑动，弹完一曲站起来时，舒曼热情地张开双臂拥抱了他，兴奋地喊道：“天才啊！年轻人，天才……”正是这种发自内心的由衷赞美，使勃拉姆的自卑消失得无影无踪，也让勃拉姆从事音乐的信心更加坚定。

从那以后，勃拉姆便如同换了一个人，他不断地把心底的才智和激情流泻到五线谱上，并最终成为音乐史上一位卓越的艺术家。

正是舒曼那句由衷的赞美，成就了一位音乐大师。

抓住他人最引以为豪的东西，并将其放在突出的位置进行赞美，往往能起到出乎意料的效果。

一个人最想要的赞美一定是真诚的，不是那种公式般的赞美，言不由衷的赞美最让人反感。

因而，言之有物是赞美必须具备的条件。与其泛泛地说“久仰大名，如雷贯耳”，不如说“您上次主持的讨论会效果真好”等话。若赞美别人生意兴隆，不如赞美他的商业手腕；泛泛地请人指教是不行的，你应该择其所长，集中某点向对方请教，如此对方一定非常高兴。

赞美的话一定要切合实际，到别人家里，与其乱捧一场，不如赞美房子布置得别出心裁，或欣赏壁上的一幅好画，或惊叹一个盆栽的精巧。若要讨主人喜欢，你要注意“投其所好”，主人爱狗，你应该赞美他养的狗；主人养了许多金鱼，你应该谈那些鱼的美丽。

赞美别人最近的工作成绩、最心爱的宠物、最费心血的设计、子女的一表人才等，这比说上许多空泛的客套话更能打动别人。

不要总是以自己为中心，尝试去接纳更多的人和事，曾经你需要得到他人的赞美，如今，为何不尝试去赞美别人呢？用赞美给别人送去自信，送去快乐，赞美别人不会让你损失什么，甚至，还会让你得到友谊与好感。

雷布兰克在她的《我和马克林的生活》一书中，曾叙述一个比利时女佣的惊人改变。

她这样写道：

隔壁饭店里有个女佣，每天给我送饭菜来，她的名字叫“洗碗的玛莉”。因为她开始工作时，是厨房里的一个助手。她那副长相真古怪：一对斗鸡眼，两条弯弯的腿，身上瘦得没有四两肉，神情也是无精打采、迷迷糊糊的。

有一天，当她端着一盘面来给我时，我坦白地对她说："玛莉，你不知道你身上有什么宝藏吗？"

玛莉平时似乎有约束自己感情的能力，生怕会招来什么灾祸。听了我的话，她不敢做出一点儿欢喜的样子。

她把面放到桌上后，才叹了口气，说："太太，我是从来不会相信的。"

她说这话时没有怀疑，也没有提出更多的问题，只是回到厨房后，才反复思索我所说的话，并深信这不是我在开她的玩笑。

从那天起，她开始渐渐地认真思考我说的那句话了，她谦卑的心理，也起了一种神奇的变化。她相信自己是看不见的暗室之宝。

于是，她开始注意修饰她的面部和身体，结果，她那原本枯萎了的青春，渐渐洋溢出青春般的气息来。

两个月后，当我要离开那个地方时，她突然告诉我，她就要跟厨师的侄儿结婚了，就要去做人家的太太了！最后，她向我道谢。

没想到，我只用了这样简短的一句话，就改变了她的人生。

雷布兰克只是给自卑的"洗碗的玛莉"一个美好的名誉而已，但这个名誉却对玛莉产生了神奇的效果。这让雷布兰克感到意外，也让我们感到不可思议。但事实就是，给他人一个好名声就是能取得这样神奇的效果。

下面的故事也说明了同样的道理：

哈伯德将军是一位受人欢迎的美国将军，他曾经告诉吕士纳说，在他看来，在法国的200万美国兵，是他所接触过的最合乎理想、最整洁的队伍。

这是不是过分的赞许？或许是的。可是，我们看看吕士纳是如何应用它的。

吕士纳说："我从未忘记把哈伯德将军所说的话告诉士兵们。我并没有怀疑这话的真实性，即使并不真实，那些士兵们知道哈伯德将军的评价后，他们也会努力去达到那个标准。"

不管是富人还是穷人，每一个人都愿意竭尽所能地得到别人给予自己的美誉。

一个监狱狱长说："如果你必须去对付一个盗贼、骗子，我想，只有一个办法可以制伏他，那就是对待他如同对待一个体面的绅士一样。假设他规规矩矩的，他会感到受宠若惊，他会很骄傲地认为有人信任他。"

这句话太重要，太好了！

我们不妨再说一遍："如果你必须去对付一个盗贼、骗子，我想，只有一个办法可以制伏他，那就是对待他如同对待一个体面的绅士一样。假设他规规矩矩的，他会感到受宠若惊，他会很骄傲地认为有人信任他。”

所以，如果你要影响一个人的行为，而不引起他的反感，就记住这项规则——给人一个美名。这种赞美学好了，就能给你的生活带来惊人的变化。

对不同声音要欣然接受

有时候，我们并不能很明确地说某件事是对的，某件事是错的。因为大家是站在不同角度来看问题，这样一来，事物本身便有了对与错的双重标准。但是，这种情况下，对与错便势同水火了吗？不是。

例如，在对待孩子的教育问题上，父母双方可能有各自的看法，虽然意见相左，但都是出于对孩子的爱，如果彼此能够体谅，那么生活就会更加美好。

允许不同声音的出现，是内心强大的表现，当你听到不同声音的时候，应该尝试去接纳它，要知道，每个人思考问题的方式不同，你要允许不同声音的出现。

你会觉得烦恼，是因为没有博大的胸怀接纳事物，如果你狭隘地评判某件事情，那么很可能会让交流的双方陷入僵局。这个时候，你不妨尝试站在对方的角度考虑，他为什么会这么想，如果你经常以这种方式思考问题，不仅能够与他人高效沟通，还可以提高你解决问题的能力。

因此，当我们面对某一问题时，如果仅仅从自己的角度去考虑，往往就会失之偏颇，甚至会伤害到他人。凡事换一个角度想想，原本棘手的问题可能就变得容易解决了。

一个人会有独特的想法或做法，总有其特别的理由。把这个理由找出来，便可以了解他为什么会这么想或这么做。甚至，这理由还可以帮你了解此人的性格。因此，你要努力站在他人的立场看问题。

在准备说服对方前，你要先询问自己：“假如我是他，我会怎么想？我会怎么做？”这么一来，不但可以节省时间，也会减少许多障碍。

伊丽莎白·诺瓦格用分期付款的方式买了一辆汽车，但现在的情况是她没有钱还贷款。

某个礼拜五，伊丽莎白接到一个十分不客气的电话，就是处理她分期付款账号的人打来的。

伊丽莎白缓缓说道：“他告诉我，假如我不能在星期一早上付清122美元的欠款，他就要采取进一步行动了。我实在没有办法在周末筹到那笔钱，所以，星期一早上电话铃响的时候，我的心理早有准备。我不准备向他抱怨或诉苦，相反，我试着站在他的角度看待这件事。首先，我真诚地向他道歉，由于我时常不能如期付款，想必给他增添了许多麻烦。听我这么一说，他的语气马上改变了。

“他表示，我还不是最麻烦的顾客。有好几位顾客才真使他头痛，他举了好几个例子，比如有些顾客如何无礼，又如何会撒谎、耍赖等。”

我一直没有开口，只静听他把所有不愉快的事情倾诉出来。

最后，不等我提出意见，他就先表示我可以不用马上付清欠款，只要在月底以前先缴20美元就行，然后等方便的时候再慢慢付清。

也许你会质疑：站在对方的立场思考说来容易，实际要做的时候却很难。

没错，站在对方立场来看待问题确实不容易，但却不是不可能的。许多口才不错的人都能做到这一点。因为若不如此做，成功说服别人的希望是很小的。

为达目的，说服高手们会不厌其烦、努力地从他人的角度来设想，并且乐此不疲。

然而，他们也并非一开始就能做得很好，而是从一次次的失败中吸收经验教训，不断训练，从而逐渐养成这种习惯。

要完全避免将自己的意志强加到别人身上，你得事先做好充分的调查，其具体步骤如下：

1. 已设定的说服目标，换作自己，自己是否能够接受？

2. 若不能接受，能够接受的程度怎样？

3. 自己是否能够接受自己常用的说服方式？

4. 听到什么样的说服内容，自己才肯付诸行动？

站在对方的立场考虑问题，你会发现，在各种交往中，你都能从容应对。令人遗憾的是，有太多的人不懂得如何运用这条规则，从而导致与人交往的失败。

拥有强大的内心，允许他人各抒己见，你永远都是受益者。用宽广的胸怀，包容各种思想，提醒自己：我说的不一定对，别人说的不一定错。

当你的意见与他人的产生分歧时，你是经常自以为是，还是考虑一下他人的想法呢？在日常生活与工作中，我们有些人往往是选择前者，尤其是那些身居高位者，因为他们更加碍于面子。不尊重他人的意见，一则于己不利，因为如果他人的意见对了，可是你没听取，那你就得不到正确的信息，也无法获得正确的结果；二则伤害他人，因为你不尊重他人的意见，也就伤害了他人的自尊心，给人际关系带来负面影响。何况我们每个人不可能时时正确、事事通晓，因此何不虚心听人之言呢？

在与别人沟通的时候，你永远不要这样开场："好！我要如此证明给你看！你这话大错特错！"这无异于向他人表明："我比你聪明，我要让你改变想法。"这种做法实在是太拙劣了，无疑会引起对方的反感。在这种情况下，要想改变对方的观点根本不大可能。所以，为什么要弄巧成拙？为什么要自找麻烦呢？如果你想证明什么，别让任何人知道，而且应不着痕迹，很有技巧地去做。正如著名诗人波普所说："你在教人的时候，要好像若无其事一样。事情要不知不觉地提出来，好像被人遗忘一样。"

尊重人家的意见，不去和人家进行无所谓的争辩，处处同意人家的主张，这样的态度，似乎是阿谀奉承，有失自己的体面，实际上，这并不是阿谀。

只有尊重对方的意见，你才能和对方有一个良好的沟通。

长岛有一位汽车商，就是用这种方法把一辆旧汽车卖给了一对苏格兰夫妇的。在这之前，这位汽车商，把汽车一辆又一辆地推荐给那对苏格兰人看，但他们总是认为汽车有问题，不是嫌这辆不合适，就是嫌那辆在什么地方有了损坏，再不就是嫌价钱太高。当时，这位汽车商正在我讲习班上听讲，便在班上申请援助。

我建议他，别强迫那些意志不坚定的人买你的汽车，要让他自己来买，你也不必告诉他们要买哪一种牌子的汽车。总之，要让他们觉得你尊重他们的意见，而不是强迫。

几天后，有一位顾客想把他的旧汽车换成一辆新的，那位汽车商就想到了那对苏格兰人，也许他们喜欢这种怀旧风格的汽车。于是他打了个电话给那对苏格兰人，说有个问题想请教他们。

那对苏格兰人接到汽车商的电话后，马上就来了。汽车商对他们说："我知道你们对汽车很内行，你们看看这部怀旧风格的汽车能值多少钱，你告诉我后，我可以在交换新车时有准确的资料。"

那对苏格兰人听到这些话后，笑容满面，终于有人来请教他们，尊重他们的意见了。于是他们驾着这部车子兜了一圈，回来后说："这部车子，如果你能以三百美元买进，那你就捡到便宜了。"

汽车商听后，又问他："如果我以你说的数目买进这部车子，再转手卖给你，你要不要？"他当然要了，因为这正是他的意思、他的估价，所以这笔生意立刻就成交了。

汽车商经过一次又一次的失败，最终取得了成功。他取得成功的秘诀就是学会了尊重他人的意见。他巧妙地引导那对苏格兰人说出他们的看法，因此，很容易就成交了。

所以，如果你要说服别人，那么就得记住这一重要原则——尊重别人的意见，千万别生硬地说“你错了”。

有些人很喜欢指责他人，一旦出现问题，他们首先想到的就是如何将责任推卸给他人。他们似乎养成了一种不以为然的恶习，他们动不动就批评、指责他人，更以此为快。一旦出现了问题，他们首先想到的就是射出批评之箭，中伤他人。还有些人，他们本来自己在某些方面做得并不好，却非要拼命去批评人家，其结果是要么伤害他人，要么被人反驳。其实，尽量去了解别人，尽量设身处地去思考问题，这比批评责怪要有益得多，这样不但不会伤人害己，还会让人心生同情和仁慈。“了解就是宽恕”，所以，在我们批评他人前，先想想自己做得怎样？是否应该完全怪罪他人？这样你也许会完全改变自己的想法和行为。

托马斯·卡莱尔说过：“伟人是从对待小人物的行为中显示其伟大的。”

只有不够聪明的人才批评、指责和抱怨别人。的确，很多愚蠢的人都这么做。但是，善解人意和宽恕他人，需要有很好的修养和自制能力。

鲍勃·胡佛是个有名的试飞驾驶员，时常表演空中特技。一次，他从圣地亚哥表演完后，准备飞回洛杉矶。根据《飞机作业》杂志的描述，胡佛在距离地面三百尺的空中时，刚好有两个引擎同时出现故障。

幸亏他反应灵敏，控制得当，飞机才得以降落。虽然无人伤亡，飞机却已面目全非。

胡佛在紧急降落之后，第一个工作是检查飞机用油。正如他所料，那架第二次世界大战时期的螺旋桨飞机，装的是喷射机用油。

回到机场，胡佛要求见那位负责保养的机械工。年轻的机械工早为自己犯下的错误痛苦不堪了，一见到胡佛，眼泪便沿着面颊流下。他不但毁了一架昂贵的飞机，甚至差点儿造成三人死亡，你可以想象胡佛当时的愤怒。

这位自负、严格的飞行员，显然应该对粗心的机械工大发雷霆，痛斥一番。但是，胡佛并没有责备那个机械工人，只是伸出手，抓住那个工人的肩膀说：“为了证明你不会再犯错，我要你明天帮我修护我的F51飞机。”

我们很多人在说话时，经常会只顾自己痛快，过后才发现不小心伤了别人的心，尤其是当别人做了错事，或自己因此而吃了亏，就更觉得自己受了委屈，而要从嘴上图个痛快，于是一些难听尖刻的话就不自觉地冒了出来，结果往往是痛快了一时而伤了和气。有时别人并没犯什么大错，但不幸遇到你情绪不好，那也可能遭到你尖锐的责备，结果当然更糟。

早已去世的华纳·梅格曾经承认说：“早在30年前，我就明白指责他人是件愚蠢的事，我即使不抱怨上帝不公平，我也对改正自己的缺点感到非常吃力。”老华纳·梅格很早就知道这一点，“可是我在这古老的世界上，盲目地跋涉了30多年后才豁然悔悟：无论犯了什么错误，都没有谁会为了任何一件事进行自我批评，这种情况甚至达到99%。”

他人的批评是不会起任何作用的，它会使被批评者进行自我防御，并且会竭力地为自己辩护。

如何才能不尖刻地责备别人呢？首先要有一种宽容的想法：我亏也吃了，别人错也犯了，只要他认识到，我的责备就没必要了，还不如客气点儿，做个人情。

只要不太计较得失，一般的责备都可以省去。如果是对方没认识到他的过错，甚至他仍在执迷不悟地继续犯错，那么你也可以客气地提醒他，如果他能很好地认错，也可作罢。

另外，能以一种幽默的方式责备对方，这是最好不过的了，这样既在玩笑中提醒了对方，也在玩笑中告诉了对方自己不在意。

约翰博士说过：“上帝本身也不愿论断人，直到末日审判的来临。”你我又何必如此呢？因此，你要帮助对方认识并改正错误，从现在开始，就不要总是责备他人。

不要简单地用“对”和“错”来评价别人的想法，因为你并不了解他人的世界，如果你愿意接受对方的观念，你或许会拥有一个更加宽广的视野。

然而，并非所有的人都希望获得对生命有重要影响的各种重要事实。实际上只有极少数人愿意聆听并接受这些新的事实。

看看这个令人不胜感慨的真实故事吧：

多年前，有一位住在格陵兰的爱斯基摩人受雇于一支美国的北极探险队。在探险完毕之后，为了酬谢他的忠诚服务，他被带到纽约做一次短暂的旅游。

看到纽约市的繁华壮观，他心中充满惊讶和赞叹。回到家乡后，他向那个渔村的人述说高耸入云的大楼，以及满街移动的房子，人们住在里面，随着它到处移动。他又说到巨大的桥梁、五颜六色的灯光，以及其他令人叹为观止的景物。他的族人们冷淡地看着他，然后一个个走开了。从此以后，全村人为他取了一个“说谎者”的绰号，他一直背负着这个“羞耻”的绰号，直到进入坟墓中。在他生前，大家只知道他叫“说谎者”，他的真实姓名反而已经完全被大家遗忘了。后来，著名的探险家拉斯姆嘉从格陵兰到阿拉斯加去探险，又带了一个名叫米泰克的格陵兰爱斯基摩人同行。

此后米泰克也去了哥本哈根和纽约，他看到了一生中从未见过的许多惊人的景象。后来他回到格陵兰时，想到了那个“说谎者”的悲剧，决定最好学得聪明些，不要将看到的真相说出来。他改而说些令他的族人们能接受的故事，因此保全了自己的名声。

他对他的族人们讲，他和拉斯姆嘉博士怎样把皮船靠在一条大河（即哈得逊河）的河岸，他们如何在每天早晨把船划出去打猎，以及到处都是野鸭子、天鹅和海豹，他们玩得非常开心。

在族人的心目中，米泰克是个很诚实的人，村里人对他十分尊敬。

真理传播之路向来十分崎岖：苏格拉底被迫喝下致命的毒药，耶稣基督被钉在十字架上，圣史蒂芬被石头砸死，布鲁诺被活活烧死，伽利略被吓得收回他的天体运行理论……

每一个人都应该试着从自己熟知的世界以外，去吸收新的观念，并且应该毫不犹豫地这样做。

思想如果不去不断追求新观念，它就会变得萎缩、迟钝、偏狭和封闭。农村人应经常到城市去，这样他的思想将获得补充，并拥有更多的勇气和更大的热忱；城里的人们应该经常到乡下去，看看那些与城市日常生活完全不同的新景象，使自己的思想变得更有活力。每隔一段时间，人们都需要换换自己的思想，就如同必须改变食物的种类和花样一样，这两种改变都是极其重要的。

培养全局观，别被小事打乱思路

生活中，存在着两种人：一种是关注全局的人，能够将整体情况收于心中，他们拥有清晰的思路和超强的判断力，能够控制住整体局面；一种是将更多精力放在处理小事情上的人，他们往往看到的只是局部，如果出现问题，很难理清思路，结果手忙脚乱。

如果我们能够站在宏观的角度去看待问题，那么很多问题将更容易解决。所以说，我们需要拥有全局观念。

不要被小事弄得心烦意乱

根据事情的重要程度，我们通常将它们分成“大事”和“小事”，想要培养自己的全局观，就不能被小事打乱思路。

工作中，你要了解自己的岗位职责，职责内的事情要认真完成。在实现你的主要目标的过程中，你所能使用的所有事实都是重要且有密切关系的，你所不能使用的则是不重要及没有重大关系的。如果不能清晰地分辨出什么重要什么不重要，那么我们的生活就会是一锅粥，没有重点，没有条理，混乱不堪。

在好多年前，当时有人正要将一块木板钉在树上当搁板，贾金斯便走过去“管闲事”，说要帮那个人一把。贾金斯说：“你应该先把木板头子锯掉再钉上去。”于是，贾金斯找来了锯子，可他刚锯了二三下就停下了，说要把锯子磨快些。

于是他又去找锉刀，接着又发现必须先在锉刀上安一个顺手的手柄。于是，他又去灌木丛中寻找小树，可砍树必须得先磨锋利斧头。

磨锋利斧头需将磨石固定好，这又免不了要制作支撑磨石的木条。制作木条少不了木匠用的长凳，可这没有一套齐全的工具是不行的。于是，贾金斯到村里去找他所需要的工具，然而这一走，就再也没有回来。

贾金斯无论学什么都是半途而废。他曾经废寝忘食地攻读法语，但要真正掌握法语，必须首先对古法语有透彻的了解，而没有对拉丁语的全面掌握和理解，要想学好古法语是绝不可能的。在学习拉丁语的过程中，贾金斯发现，掌握拉丁语的唯一途径是学习梵文，因此便一头扑进梵文的学习之中，可这就更加旷日持久了。

贾金斯一生从未获得过什么学位，他所受过的教育也始终没有用武之地，但他的先辈为他留下了一些本钱。他拿出十万美元开了一家煤气厂，可是煤气所需的煤炭价钱昂贵，这使他大为亏本。于是，他以九万美元的售价把煤气厂转让出去，开办起煤矿来。

可还是不走运，因为采矿机械的耗资大得吓人。因此，贾金斯把他在矿里拥有的股份变卖成八万美元，转入了煤矿机器制造业。

纵观古今的成功人士，我们不难发现，那些成就大的人都已经培养出一种习惯，把影响到他们工作的重要事实全部综合起来加以使用。这样一来，他们也许比起一般人来会工作得更为轻松愉快。由于他们已经懂得秘诀，知道如何从不重要的事情中抽身出来去做重要的事情，因此，他们等于已为自己的杠杆找到了一个支点，只要用小指头轻轻一拨，就能移动你以全身的力量也无法移动的东西。

善于点明说话的主题

要加深别人认为你很有头脑的印象，重点之一就是使所说的话易于了解。

常用的方法是，谈话之初即先列举几个主题。譬如先说："我今天要说的主题有三点……"然后再针对这三个主题做大致的说明。而事实证明，这个方法非常有效。

为什么要先说出几个主题呢？从大处来说，人是唯一能预测事物发展的动物。对听者来说，如果能先把握住对方要说的主题，那么就可以一边听，一边想象对方大概会说哪些话，而对说话的方向做某种程度的预测。因为有了这种心理准备，所以在听的时候自然就容易了解了。

换句话说，一开始就给听者几个主题，可以让你自由地把话解释至容易理解的程度，这么一来，即使你说的话有些前后颠倒或不甚清楚，也不太会给人留下难懂的印象。因此可说，这种方法是借助他人的能力，来加强对方觉得你很有头脑的印象。

把要说的话归纳为三个重点，可使对方感觉你的组织能力很好，也便于对方对谈话内容的理解。每个人对“三”都有种好感，这是因为若只有一点，好像觉得不够分量，两点又不太庄重，而三点却能让人有稳定感，这也是人类普遍的心理。

大部分说话具有说服力的人，都会潜意识地应用这种心理作用。譬如汤姆先生就是这方面的高手，他在战时当过陆军高级参谋，战后回来进入某贸易公司担任副董事长，他是一个有着奇特经历的人。凡是和他交谈过的人，都会惊讶于他讲话的说服力之高。

这是因为汤姆先生不论对什么问题都会说“我有三个问题”或“我有三个答案”，而把所有的事都包括在“三”这个数字中。这么一来，问题和答案都经过整理，使听者能把握住说话的内容。

和以上所述相反的是，如果用“唯一的答案是……”等方式把谈话浓缩成一点的话，就会给人一种蛮横、不讲理的印象，而两点又会给人不自然之感，只有三点才能把握住人的心理。

综上所述，因为说者把问题分为三点，而使自己的想法经过整理，所以比较容易说明。

尊重时间管理原则，合理安排各项工作

有这样一类人，他们既有梦想，又有强烈的愿望去做事情，可是不管怎么努力还是会觉得障碍重重，似乎前面是无穷无尽的荆棘，每前进一步都会付出惨痛的代价。渐渐地，他们开始怀疑自己是否选对了路，到底还能够坚持多久。心里一旦有了迷茫，内心的力量就会逐渐瓦解。

其实，在一切的道理之上、一切的梦想之上，你都要先学会掌控自己，学会用行动掌控自己的生命。只有能够掌控自己的人才有创造幸福的可能。那么自己是什么？生命是什么？你应该不会忘记，我们从小就学过的一句话——时间就是生命。如果你强烈渴望掌控自己的生命，改变命运，那么你必须学会管住你的时间。

英国诗人波浦的名句："秩序是造物者的第一法则。"

可见，在我们处理事物时，按事情的轻重缓急去处理是多么的重要。

美国时间问题研究专家阿兰·拉肯，在时间调度方面有很多珍贵的经验。在制订计划前，他把要处理的事情进行分类：最重要的定为A类，次要的定为B类，再次要的定为C类。并将每天的工作也按重要程度分成三类，着力于A类工作，不为C类工作耗费过多时间。他认为，如果长期坚持下去，有可能在半年中能干完几年的事。

这位时间专家在运筹时间上，讲究科学、实效，他给自己总结了61条省时的经验，很有参照价值。现择要介绍几种：

1. 珍惜每一分钟

把所有的时间都当作有用的时间，努力从每一分钟中得到满足，但并不一定要干什么事情。尽量去喜欢自己正在干的一切事情，永远做乐观主义者，相信自己会成功。从不把时间浪费在为失败而后悔上，也从不把时间浪费在懊悔没有去做哪件事上。时时提醒自己：要干重要的事情总是会有足够的时间的。如果认为某件事情是重要的，就想法找时间去干。先干重要的事，而且要尽量干得更机智而非干得更辛苦。

特别要努力干A类事，而不是B类和C类事。对大的项目，要从收益最大的部分开始，而后会常常发现没有必要再做其余的部分。要使自己有足够的时间投身于重要的工作。

2. “有限”的时间内做“有限”的事

每天都有一张当天要做哪些事的清单，并将它们按重要性程度排列，然后尽可能一有时间就去干最重要的工作。在每月事先安排的工作计划中，应使自己除了能为“烫手”的项目留出额外的时间外，还能使工作有所变化并保持平衡。养成好习惯，按着“任务清单”的顺序干，绝不跳过困难的工作。为自己，也为别人都定下工作的最后期限。

3. 每天都努力找出一种新的节约时间的方法

口袋里放上些卡片，以便随时做些简短的笔记和记录下头脑中的一些想法。养成长时间地聚精会神地干一件事情的能力，在同一时间内只集中精力干一件事。将精力集中投入于具有最好的长期效益的项目中。

平时保持桌面的整洁，以便于工作。把最重要的文件放在桌子的正中央，使所有的物品都各得其所，这样就把找东西的时间减少到最低限度。时时问自己：“此刻，什么是我利用时间的最佳方式？”

4. 永远放弃“等候时间”

检查自己的旧习惯，看看是否有需要杜绝或加以改进的地方。如果不得不等什么，就把它当作“时间的礼物”，用它来休憩，或去做一些本来不会去做的事情。当问自己“如果我不干这件事，会发生什么可怕的事情吗？”时，若得到的答案是否定的，那就不去干。注意尽量不去浪费别人的时间。当完成了重要的工作时，让自己休息一下，用作对自己的特别奖赏。

5. 把时间分为几块

把每天的时间分为几块，如上班时间，吃饭时间，睡觉时间等。然后再具体、客观地填写日程表，切忌把日程表变成做不到的愿望列表，那样只会使你被自己不切实际的计划挫败并失去信心。

拥有全局观的人，总是“向前看”。向前看，是不要将目光停留在过去，曾经的时光中，你拥有荣誉或经历过坎坷，但是它们都已经成为过去，虽然要牢记在心中，可将来的路如何走下去，才是你最应该关心的事情。

不妨做一些长期目标，时间可以为十年、二十年，尽可能将目光放长远一些，就像要建成大厦必先绘制蓝图一样。

特丽莎是芬兰赫尔辛基市一家珠宝公司的职员，她是一个对幸福充满憧憬的女人，但始终找不到成功的出路，特别是十年前她丈夫的去世一直让她的生活处于一种绝望之中。

直到有一天，她的生活发生了巨大的变化。下面是她在一篇文章中的自述：

我在一家大百货商店当了7年的簿记员，直到有一天经理那刚丧偶不久的侄女取代了我的位置。

我感到万分震惊。10年前丈夫去世时留下的房产和一些保险费早已花在了治病医疗上。10年来我养家糊口，还得供3个孩子上学，根本就没有积蓄。年纪最大的男孩子刚中学毕业，因找不着活儿干，贴补不了家用。

我一天天地在找工作，只要能付清房租，维持生计，什么工作我都不计较。我30岁，身强力壮，能力不错，而且踏实肯干，然而就是没有地方可去。生平第一次我对未来感到恐惧。也许这回我们不得不申请救济，这想法使我吃惊。

3个月就这样过去了。房租拖欠了两个月，房东要我搬走。在我的央求下，他同意再宽限一段时日。

第二天一大早，我又照常出门求职。路上经过一家报刊摊位时，我停下来浏览报刊。我不由自主地拿起那本摆在我面前的杂志。我随意地翻开杂志，浏览着目录。思绪混乱的我几乎意识不到书上写的是什么。

突然一个关于如何制作一幅成功的“藏宝图”的标题跃入我的眼帘。我买下了那本杂志，而结果证明这是我们生活的转折点。

那天我没有找工作就回家了，从傍晚到深夜，我一直捧着那本杂志。虽然当时杂志里的内容似乎奇怪而虚幻，但我却并不怀疑。我急切地阅读每篇文章。当我看到那篇关于画“藏宝图”如何会带来成功的文章时，里头的某种东西好像紧紧地抓住了我的心，小时候我就一直喜欢玩游戏，而画“藏宝图”的主意重新唤起了我儿时的欲望。

那篇文章我看了几遍，然后我找来一张纸，开始动手画我的“藏宝图”。有多少东西要画上去啊!首先是一座位于城镇边缘的小屋；然后是我一直渴望拥有的服饰和女帽小店；接着，当然是一辆小汽车；小屋里有一架供女儿们用的钢琴，屋后的院子里满是花草……我的热情迅速高涨，从报纸和杂志上我剪下各种关于成功与富足的图片和文字。下一步，我找到了大量的白纸，并开始制作那张地图了。在纸的中央我贴了一幅小屋的图片。小屋有着宽阔的门廊，周围全是树木和花草。在地图的一角我搁了一幅小商店的图片，下方我贴了“特丽莎时装店”的字样，旁边我贴了一些时髦服装和女帽的图片。

在地图的不同位置我放上了一些箴言和警句，全都与成功、幸福、富足、和谐有关。

我不知道花了多长时间完成了那张藏宝图。它将是把我们需要和渴望的东西引入我们生活中的必要手段。我已能感觉到自己就在那小屋里住和在那个服装店工作。这种对藏宝图和我相信它必定能带给我们想要的一切的心醉神迷，以前我从未体会过。我把那张地图用平头钉钉在卧室里床铺的最上方，这样我清晨第一眼看到的和晚上最后一眼看到的便是饱含着我的欲望的“藏宝图”。

每到晚上，我都会温习一下图中的全部细节，直到它几乎成了我自身的一部分，它是那样清晰，以至于我随时都能立刻想起它来。然后在我“沉默”的时期，我看见自己和孩子们在小屋里出入，摆家具，挂窗帘，谈笑风生；我看见女儿们在弹琴、唱歌，而儿子则坐拥书城；然后我看见自己在我的小店里走动，一脸自豪和幸福；人们进进出出，我看见她们购买漂亮的服饰，付完钱后微笑着离去。

在此期间，我越来越了解了过去将事物和不利条件吸引到我们思维中的头脑，会产生多大的力量将美好吸引到我们身边。我明白了这“藏宝图”不过是一种让潜意识记住模式的手段，以便能把成功的条件带入我们的生活。在每一个“沉默时期”过后，我总相信我已经得到了，因为在想象中置身于小屋里和小店里对我来说就意味着我一定能够在现实世界里拥有它们。

当孩子们发现我在干什么时，他们也投入到这个游戏当中，很快他们都有了自己的“藏宝图”。没过多久，事情真的开始发生变化。一天我遇见丈夫的一个老朋友，他告诉我他和妻子要去西部待几个月，想叫我们搬出来为他们看房子。一星期后我们住进了他家。那房子几乎跟我“藏宝图”上的一模一样，很快我的儿子又得到了一份在工程办公室的兼职工作。这为他秋季上大学提供了学费来源。

我们在那小屋内住了约2个月。这时我看见当地报纸上登有一则招一名女性经营女装店的广告。我按广告的地址去找。原来店主因为健康状况不得不放弃几个月商店的事务，也许会永远放弃，很快我和店主达成了协议，由我来经营，开支利润平摊。

在我们开始制作“藏宝图”之后的6个月中，我们几乎实现了图中所包含的一切。当房子的主人返回来后，他把房子以低价卖给了我们，而现在我们仍住在那儿。

> 那家服装店如今也归我所有。原店主决定不回来营业，所以我每月付给她一笔钱，买下了店面。生意越做越大——这都源于我在学习和实践中获得的对思想力量的理解。想象一下你将来的生活方式，绘制一张属于你自己的“藏宝图”，然后按图中所示内容坚持不懈地实现它们。

特丽莎女士的成功故事告诉我们新的生活往往始于我们选定方向的那一刻。事实上，许多人都可以像特丽莎一样，在自己的脑海中勾勒出一幅幅“藏宝图”，以帮助自己想象渴望的事物并最终获得幸福。

生活没有目的性是很多人容易犯的毛病。经常有人说：“我的问题就在于没有目标。”我们也常常会遇到对自己的人生和周围世界不满意的人，在这些人当中，有95%的人没有改善生活的目标。事实上，当一个伟大的目标或一个非凡的计划激励着你的时候，你的心灵会超越它平常的界限，你的各种潜力和才能都开始复苏，你会发现自己置身于一个奇妙的世界。明确的目的能够让一个人充满自信和激情。那些失败的人之所以失败，就在于他们都没有设定明确的目标，因此，他们永远也没有热情和勇气踏出他们的第一步。

集中力量，解决“关键”问题

在整个事情中，有起到关键作用的局部，如果它们出现问题，那么就会影响全局。“关键”问题决定了全局的走向，只要方向不出现偏差，你还是可以到达目的地的。

向琨是一家公司的员工。一天，老板让向琨准备好第二天与某公司董事长会谈的资料，并拟写一份会谈提纲。然而接下来的时间里，向琨却忙于完成另外的几件事：寄出几封信，发出几份传真，接待一个没有预约的客户，打几个无关紧要的电话，给老板的一位朋友买了束鲜花，为他贺喜。终于把一切安排妥当，此时已经到了下班的时间。晚点走吧，又三番五次被一个个无关紧要的电话打扰，于是他决定回家加班。

吃过饭后，他又忍不住看了一场球赛，看完后已是晚上11点，于是急忙提笔拟写提纲。结果，由于准备得太匆促，提纲中出现了好几处纰漏。

在会谈的过程中，幸好老板经验丰富，这场会谈进行得还算顺利。但事后，向琨受到了严厉的批评。

在我们周围也有许多这样的人，他们走进办公室就开始忙于工作，从早忙到晚，也不分工作的轻重缓急，一天下来总是觉得身心疲惫不堪，却又不知道自己这一天到底干了几件要事。

创设事务公司遍及全美的亨瑞·杜哈提说：“不论他出多少钱，都不可能找到一个同时具备两种能力的人。这两种能力是：第一，会思想；第二，能按事情的重要程度来做事。”

在工作中，要想做到要事第一，就要了解以下七个关键因素：

1. 明确公司目标

要做到要事第一，我们首先要明确公司的发展目标，站在全局的高度思考问题，这样可避免重复作业，减少出现错误的机会。

我们在工作中，必须理清的问题包括：我现在的工作必须做出哪些改变？可否建议我，要从哪个地方开始？我应该注意哪些事情，以避免影响目标的实现？有哪些可用的工具与资源？

2. 找出“正确的事”

要做到要事第一，第二个关键就是要根据公司发展目标找出“正确的事”。工作的过程就是解决一个个问题的过程。有时候，一个问题会摆在你的面前让你去解决，问题本身已经相当清楚，解决的办法也很清楚。但是，不管你要以何种方式解决，想先从哪个地方下手，正确的工作方法只能是：在此之前，请你确保自己正在解决的是真正的问题——很有可能，它并不是先前交给你的那个问题。

搞清楚交给你的问题是不是真正的问题，唯一的办法就是更深入地挖掘和收集事实，多问、多看、多听、多想，一般用不了多久，你就能搞清楚自己选择的方式到底对不对。

3. 保持高度的责任感

一般来说，高效能人士在工作中要时刻保持高度的责任感，自觉地把自己的工作和公司的目标结合起来，对公司负责，也对自己负责。最后，发挥自己的主观能动性，推进公司的发展。

4. 学会说“不”

作为一名高效能人士要学会拒绝，不让额外的事情扰乱自己的工作进度。对于许多人来说，拒绝别人的要求似乎是一件非常困难的事情。因此，拒绝的技巧是一种非常重要的职场沟通能力。在决定你该不该答应对方的要求时，应该先问问自己：我应该做什么？不应该做什么？什么事情对我来说才是最重要的？

在作决定时我们必须考虑，如果答应了对方的要求是否会影响既有的工作进度，而且是否会因为我们的拖延影响到其他人。如果答应了，是否真的可以达到对方的要求。

5. 沟通增效

沟通在提高工作效率中起着十分重要的作用。例如，工作中你可能会出现“手边的工作都已经做不完了，老板又丢给我一堆工作，实在是没道理”这样的抱怨，这时候如果你保持沉默，很可能会给老板留下办事不力的印象，所以，如果你的工作中出现了这种情况，你切不可保持沉默，而应该积极沟通，清楚地向老板说明你的工作安排，主动提醒老板安排事情的优先级，并认真聆听老板的意见，这样可大幅度减轻你的工作负担。

老板是需要被提醒的，在工作中，我们应该时刻提醒自己与老板的沟通是否充分，我们有没有准确地反映真实情况。如果我们不说出来，老板就会以为我们有时间做这么多的事情。况且，他可能早就不记得之前已经交代给我们太多的工作了。

6. 过滤“次要信息”

高效能人士应当学会有效过滤次要信息，让自己的注意力集中在最重要的信息上。工作中我们经常会被铺天盖地的电子邮件弄得疲惫不堪，更可怕的是，它们常常会分散我们工作的注意力，为我们做正确的事带来很大的干扰。为此，我们应该学会有效地过滤次要信息，将自己的注意力集中在最重要的信息上。

一般来说，正确的过滤流程分为两个步骤：第一步是先看信件主旨和寄件人，如果没有什么可看的价值的话，就可以直接删除，这样至少可以删除50%的邮件；第二步开始迅速浏览其余的每一封信件的内容，除非信件内容是有关近期内（例如两星期内）必须完成的工作，否则就可以直接删除，这样又可以删除25%的信件。

7. 使用“优先表”

“要事第一”要求我们在工作中要善于发现、把握关键问题，在第一时间解决排在第一位的问题，在这个问题上，怎样确立时下最需要解决的问题就成了问题的关键和难点所在。著名的逻辑学家布莱克斯说过：“把什么放在第一位，是人们最难懂得的。”

一个人在工作中常常难以避免地被各种琐事、杂事纠缠。有不少人由于没有掌握高效能的工作方法，被一些事弄得筋疲力尽、心烦意乱，总是不能静下心去做最该做的事，或者是被那些看似急迫的事所困扰，根本就不知道哪些是最应该先做的事，结果白白浪费了大好时光，导致工作效率不高，效果不显著。

为此，每个人都应该有一个自己处理事情的“优先表”，列出自己一周之内急需解决的一些问题，并且根据“优先表”排出相应的工作日程表，使自己的工作能够稳步高效地进行。

年轻人，别让眼睛骗了你

两个旅行中的天使到一个富人家借宿，这家人对他们并不友好，并且拒绝让他们在舒适的卧室过夜，而是在冰冷的地下室给他们找了一个角落。当他们铺床时，年长的天使发现墙上有一个洞，就顺手把它修补好了。

年轻的天使问道："你为什么还要帮助他们？"

老天使说："有些事并不是你看上去的那样。"

第二晚，两个天使又到了一个非常贫穷的农家借宿。夫妇俩对他们非常热情，把仅有的一些食物拿出来款待他们，然后又让出自己的床铺给两位天使。第二天一早，两个天使发现农夫和他的妻子在哭泣——他们唯一的生活来源奶牛死了。

年轻的天使非常愤怒，质问老天使："为什么会是这样！富人家什么都有，你还帮助他们修补墙洞；农家尽管如此贫穷可依然热情款待我们，而你却没有阻止奶牛的死亡。"

"有些事并不是你看上去的那样，"老天使说，"当我们在地下室过夜时，我从墙洞看到墙里面堆满了金块，因为主人被贪欲所迷惑，所以我把墙洞填上了；而昨天晚上，死神来召唤农夫的妻子，我让奶牛代替了她。”

这个故事告诉我们，眼见不一定为实。不要太过相信你的眼睛，甚至耳朵、鼻子和嘴巴。

现实常常告诫人们：人的感官意识都是具有欺骗性的。

这样的故事在我们的生活中并不少见，很多人都会根据感官和个人的直接经验，草率地作出判断，而忽略了一切从实际出发，如果这时没有管理好情绪，可能还会造成无法弥补的错误，于是很多令人惋惜的事情就此发生了。

比如，家长和孩子之间，因为年龄不同，思维层面的不同，彼此都不理解对方。孩子委屈于家长的不理解，家长苦恼于孩子的不听话。渐渐地，孩子们误解了家长无私的爱，家长们忽略了孩子的天真，很多人都是在做了家长之后才真正读懂了父母的心。

情侣之间更是如此，男人和女人是两种不同的动物。曾有人类学家说过，由于男性和女性的生理结构的不同，造成了男人和女人的思维方式不同。所以我们可以看到，虽然这个世界大范围地在探讨爱情，但讨论来讨论去，男人和女人之间的误解还是从未消除。

从出生开始，我们的眼睛只会向外看，注意力都停留在外在的事物上，只会关注外面是如何变化的，而忽略了外在事物的变化与内心成长有着密切的关系。成熟的人会懂得向内看，因为他们知道，外面的一切变化无常，无法真正为我们所控制，我们唯一能把握的就是自己这颗心。

由于每个人的成长经历不同，每个人消化人生经验的方法也不同，每个人做每件事都有自己的原因和理由，如果说世上没有两片相同的叶子，那么也不可能有两个一模一样心性的人。你永远不可能真正站在别人的角度去思考问题，也不可能对别人的行为作出最客观的判断。所以我们对外界的一切判断和干涉，往往都是在自寻烦恼。如果你愿意带着一颗善心去了解和帮助别人，不求任何回报，那么你会从无私的交往中丰富自己的人生阅历。

有一次，孔夫子与众弟子们在陈国和蔡国之间的一个地方被连续困了七天，没有食物可以吃。弟子们被饿了七天，个个面黄肌瘦，有的弟子，心中因此而忧虑。但此时，孔夫子依然每天不断地学习，弦歌不绝，没有一丝的埋怨与担忧。

子贡见同学们如此饥饿困顿，便用自己身上的财物，突破重围，到外面换了少许的米回来，希望给大家解解饥。人多米少，颜回与子路便找了一口大锅，在一间破屋子里，开始为大家煮稀粥。期间，子路因事离开，恰好此时子贡经过，看到颜回拿着小勺往嘴里送粥。子贡心里很不高兴，但他没有上前质问颜回，而是走到了孔子的房间。

子贡见了孔子，行礼后，问道："仁人廉士，穷改节乎？"

孔子回答道："改节，即何称于仁廉哉？"意思是，如果在穷困的时候就改变了气节，那怎么还能算是仁人廉士呢？

子贡就接着又问：“像颜回这样的人，该不会改变他的气节吧？”

孔子坚定地回答子贡：“当然不会。”

于是，子贡便将看到颜回偷吃粥的事，告诉了孔子。

孔子听后，并没有惊讶，说道：“我相信颜回的人品，虽然你这么说，但我还是不能因为这一件事就怀疑他，可能其中有什么缘故吧，你不要讲了，我先问问他。”

孔子召了颜回来，对他说：“我前几天梦到了自己的祖先，想必是要护佑我们吧，粥做好了之后，我准备先祭祀祖先。”

颜回听了，马上恭敬地对孔子说：“夫子，这粥已经不可以用来祭祀祖先了。”

孔子问：“为什么呢？”

颜回答道：“学生刚才在煮粥的时候，粥的热气散到了屋顶，屋顶被熏后，掉了一小块黑色的尘土到粥里。它在粥里，就不干净了，学生就用勺子舀起来，要把它倒掉，又觉得可惜，于是便吃了它。吃过的粥再来祭祀先祖，是不恭敬的啊！”

孔子听后说：“原来如此，如果是我，那我也一样会吃了它的。”

颜回退出之后，孔子回头对着几位在场的弟子们说：“我对颜回的信任，是不用等到今天才来证实的。”几位弟子由此受到了深刻的教育，非常信服。

这个故事告诉我们人与人之间应该互相信任。

如果家长愿意相信孩子是天真的，如果情侣愿意相信彼此的爱是真心的，如果每个人都能够在作出判断时，给自己留一个“信任”的前提去求得真相，那么冲动、愤怒、误解又怎么可能绑架我们的心？我们为什么宁可成为情绪的奴隶，也不愿意成为信任的主人？

大多数的时候，人们都不可能像故事中的人一样，有机会给你道出真相，有些真相说出来也未必能够被理解。如果你还并不了解，请给予别人理解，如果不能理解，请保持沉默。少说一句，就可以减少一次误会。

有些事并不是你看上去的那样，更不是你想象的那样。如果你真的很关心那些人与事，用心关注和守候，比什么都强。对于那些你并没有完整经历过的事情，没有完全了解过的因果，没有完全理解和包容过的人和事，如果你还做不到完全的信任，那么请保留意见。当你想对一些事物给予否定的判断时，请告诉自己：与其否定，不如祝福。

习惯于否定的人，也常常处在负面情绪中，对于自己没有任何益处。不如默默地给你眼前所发生的事件一个祝福，一切就会美好起来。

这个世界虽然存在着是非、误会、恩怨，但我们要减少误会、是非、恩怨的蔓延，减少自我的烦恼、痛苦和盲目。眼为心灵之窗，口乃心之门户，让我们用这双明亮的眼睛时刻关注自己心灵的成长吧！

第6章

内心强大，得益于人生的历练成长

其实，内心的强大，就是一个人内心的完满富足。想获得强大的内心，可以通过多次的人生历练来实现，经历的事情多了，处理事情的能力才能提高，心态也才能逐渐调整好，从而也能实现自我修养的提高。

克服非理性，不做主观情绪的奴隶

现在的电视台，似乎很流行这种模式的法制教育节目：

一个人原本好好地在既定的轨道上生活着，突如其来的某种意外元素导致其生活发生了重大改变，情节向另一个方向发展。由此，主人公原本平静的生活发生了改变，或喜或悲，或怨或恨，在新的人生轨迹上上演着一幕幕惊心动魄的爱恨嗔痴。在这一系列的事情面前，主人公逐渐失去了分析问题的理性，没有了正常人的理智，成为了情绪的奴隶，并作出了非正常人的非理性判断，越来越激烈，把事情一步一步推向高潮，最后酿出恶果。

也许有人会说，这样的情况毕竟是少数，现实生活中，大起大落的人还是少数，但不管怎样，非理性的思维模式确实会影响人的正常判断能力，并使人做出不理智的行为，成为自我主观情绪的奴隶。

我们经常告诫自己，做任何事都不要冲动，不要失去理性，不能蛮干，得多思考，权衡利弊，万不可急躁而至方寸大乱，可一旦真的遇到事情，真正能做到的又有几个人呢?

也许，我们终生都在非理性与理性之间挣扎，也必定要时常受到选择与放弃的折磨，但我们唯一可以控制的，是自己的思维模式。这样，即便前方是险滩，我们也能保持从容淡定。

在现实生活中，本来很容易处理的一件事，却因为自己失去了理性，结果被弄得一团糟，这样的例子数不胜数。

比如，今天你去约谈一位客户，并做好了一切准备，想好了应对一切可能出现的问题的方案。可你万万没有想到，这位客户居然对自己出言讥讽，态度恶劣至极。你的第一感觉一定是难堪、生气与委屈，以致后来你根本没有办法再控制自己的情绪，不知不觉就失去了理性，结果谈判失败。

你还可能有过这样的经历：自己满怀希望地去一家渴望已久的公司应聘，为了能够表现得好，你在心里打了好多遍的腹稿，想着到时候应该怎么说才得体，并充分地发挥自己的聪明才智，把自己的一身本领都展现出来，以求博个满堂彩。可是到了关键时刻，因为紧张，导致头脑一片空白，原先想好的话都不知道跑到哪里去了。

生活中被人误解，受了一点儿委屈，别人都不相信你，不肯听你解释，只是不断地将责任推到你的身上。没有人在意你的感受，更没有人听你的诉说与解释，你感觉被人们抛弃了，这时非理性就会跳出来，使你暴跳如雷、歇斯底里，近似疯狂地发泄自己的不满，可换来的只是他人的异样眼光和毫不动摇的怀疑。

在爱情中，非理性一直独占鳌头，有着无法撼动的地位。热恋中的你，敏感、柔软、多疑，你会因为恋人的一句无关痛痒的话伤心好久，会因为一个不经意的动作而大声争吵。爱情里似乎谈不得理性，任何理性在爱情中都是多余的。

美国《连线》杂志总编辑克里斯·安德森曾说过：“事实上，人类并不像计算机那样长于逻辑，这不是‘漏洞’，而是本能。”这句精辟准确的话语很好地说明了非理性的存在。既然存在，就得认真接受、消化、克制。

是的，我们无法要求别人怎么做，但我们可以要求自己怎么做。既然我们无法改变这与生俱来的非理性本能，那我们就得学会适应，学会调节。如果连这个也做不到，做到淡定从容只能是天方夜谭。

无法改变，就接受吧。

理性，是我们对抗非理性的有力武器。

我们都知道，当人失去理性时，思维就会混乱，会忘记一切，任凭感情寻找各种可能的宣泄方式。这时，他会以自我为中心，对于周围的一切，对人们的看法、感受、反应，都熟视无睹，两耳不闻。这样的人，是可怕的。

有很多人之所以误入歧途，大部分都是因为他们在失去理性的时候作出了错误的决定。譬如，一些杀人犯，当法官在问他们为什么这样做时，他们的回答是“我当时并不想杀人”，只是因一时的冲动与愤怒，被非理性控制了身体，而当他们恢复理性的时候，才追悔莫及，悔不当初，然而一切已经不能回头。

非理性产生的危害，不仅是身体上的，还有心灵上的。它会让你迷失自我，犹如进入一片原始森林，找不到出路，直至走向崩溃的边缘。

任何可怕的东西，都有一个共同点——不易控制或根本不能控制，非理性就是如此。但可怕不是我们逃避、无视与放任不顾的借口，人之所以为人，在于他会思考，有思考的能力。如果说本能是上天烙在心上不可磨灭的印记，那么后天成长则是一朵朵盛开在心上的鲜花，抚慰着心上的印记，淡化着曾经的缺陷。

是的，可怕不能成为你不去反抗的借口，须知良好的心态是一切的前提。

反抗非理性，学习理性，带给人的是平静、和谐、安宁、健康、快乐与成功。面对老板的褒贬，能够仔细地作出理性的分析，让平静代替任何的面部微表情，提升自己在老板心中的形象；面对亲人朋友的不理解，尽量冷静地倾听，并给出理性的解释，把握情感的力度，委婉亲切；面对敌人或对手，要理性对待，全面透彻地分析，巧妙地找出他们的缺点逐个攻克。

在非理性面前，最不可自乱阵脚，毫无章法，只有时刻保持清醒，你的道路才会一帆风顺。

在非理性面前，千万别失去一丝理性。用理性来约束非理性的蔓延，时刻保持清醒的头脑，挖掘出你内在的潜力，做出惊人的举动。

保持理性，拒绝非理性，不冲动，不盲动，将是你走向智慧人生的第一步，你将会变得强大无敌，自信有活力。

“合理化”的结果是无止境的纠结

所谓的“合理化”，简单来说，就是自我安慰，自己给自己找了一个借口，从而心安理得，不再埋怨结果，而通过自我说服来接受。这么看来，倒有些阿Q精神的意味。

其实这样的情况，也是一种自我妨碍。事情发生了，却不想在心里产生负担，令自己不断自责，只好用将结局“合理化”这一套思维模式来减轻自己的心理压力，获得自我安慰。就像吃不到葡萄的狐狸一样——吃不到葡萄就说葡萄酸——至于到底酸不酸，谁又能证明呢？

找借口，最后找来的都是落寞失望。在自己的内心中修建城防，企图自我保护，结果在抵御外界伤害的同时，也令自己的世界越发狭小，变得目光短浅，弱不禁风。

无止境的纠结，循环反复，有了第一次的妥协，就会有第二次，结果自然惨不忍睹。

生活中，我们常常遇到这样的情形：

你因为某种原因被老板炒了，但却说“是金子到哪儿都会发光的”“此处不留爷，自有留爷处”等自我安慰的话。

你因失言侮辱了朋友和熟人而感到难过，这时候你会为自己开脱说是一个意外，对自己的过失行为带来的后果而内疚，你极力宣称“每个人都这样做”来掩饰自己内心的不安。

你的女朋友喜欢上了别人，你却说“天涯何处无芳草，这种品德不佳的女人，嫁给我，我都不要，天下好女人多的是”。

工作上，你无休止、无节制地应酬、饮酒作乐，却说是为了生意或工作在联络感情，你被对手打败了，但却不愿承认是因为自己准备不足、能力不足，而说“天亡我也，非战之过”。

如此种种，“不会划船说溪窄”——总在为自己的失意找借口，这种“塞翁失马，焉知非福”“知足常乐”的心态，让我们将个人的缺点或失败，推诿于客观因素，以求得内心安慰。

可是，你果真可以得到安慰吗？这样“合理化”的借口果真就那么合理吗？

事实是，错的永远是错的，再合理的解释、再巧妙的掩盖、再美丽的自我安慰，也改变不了事情的本质。正是这种“合理化”的解释把人带入了无止境的纠结中。

被“合理化”俘虏的人，内心往往处在一个矛盾的纠结中。既想给自己的做法找个合理的解释，使之合理化，让人们认可，又明白自己的这种做法是错误的，是对错误做法的一种包庇、掩盖，不到真相大白的一天，他的心灵不会得到净化，内心不会平静下来。

长期无止境地处在这种矛盾中，稍有不慎就会给自己带来更大的错误，所谓的“合理”也变成了最大的“不合理”。

一个朋友以前工作的公司有个叫王通的小伙子，为人勤快，活泼好动，嘴很甜，见什么人说什么话，八面玲珑，很得老板的赏识，公司有什么事也愿意派他去处理，总之，他很受重视。而他每次回来，也都会主动去找老板，分析此次执行任务过程中出现的问题，为什么会出现这样的问题，以及他是如何解决的。每次他讲得都很详细，人人都夸这个小伙子一定前途无量。

可是，好景不长，王通却不再受领导的赏识了，有专业人士帮助分析，王通犯了一个看似不起眼但很严重的错误——把自己的所作所为都进行了“合理化”的分析。

对于每次任务的总结报告，虽然详尽，但王通在里面却时刻为自己的所作所为找理由，为自己应该做的、不应该做的找一些冠冕堂皇的借口，同时给自己的行为赋予了一个合理、正当的理由，以此来博得自己和他人的认可。对于自己得不到而又想要的东西，他总能找出借口对那个东西予以否定。这大概就是人们经常说的“吃不到葡萄就说葡萄酸”吧。当然，对于取得的成绩，他则大肆渲染，让人们明白他所取得的成绩是多么的难能可贵。

事后，王通对朋友说：“其实我也很纠结、很矛盾。每次这样给自己找理由时，内心都很痛苦，担心被别人发现。但有了那么多次没被发现的经验，再找借口就变得胆大了。”

其实，王通在对自己的行为作出合理化解释的同时，他的内心也时刻冒着被人识破的风险，陷入了左右为难的纠结中。

在这个例子中，王通之所以作出那么多对自己来说很合理的事，很大一部分原因是思维模式的偏差。当一个人为自己找了理由，他就总能轻易地认同这个理由而不加以辨析。这样的惯性思维久而久之会形成一种固定的模式，想摆脱都摆脱不了。

无底洞之所以可怕就在于他让人看不到尽头。没了远方，便如大海孤舟，容易迷失自己的心，模糊自己的双眼，陷入无止境的纠结之中。

在现实生活中，每个人都会遇到这样那样的事，在处理的过程中，总想把每一步都做到完美无瑕。凭借自己的智慧、机智，巧妙地解决过程中出现的问题，当自己的一些思想、感觉和行为产生问题时，个人可以适当地利用合理化作用加以调整，但不是为了纯粹找借口。“合理化”是建立在做人基本原则的基础上的，不能触犯到个人原则、社会道德底线以及信仰。

给“合理化”松绑，是一个度的问题。度的把握，非要有理性思辨的能力不可。

我们可以嘲笑阿Q精神胜利法，但其实那也是给自己苦闷无奈的心情所找的一个精神寄托，为自己的做法所找的冠冕堂皇的“合理化”的解释。

有句话说“得意时是儒家，失意时是道家”，这是一种适应，但其实也是在为自己的行为找寻“合理”的理由。

我们每个人都要明白，这是在为自己的错误，为不被大多数人认可的行为而寻找的一种自欺欺人的借口，借各种托词以维护自尊，欺骗别人也欺骗自己。但借口终究是借口，你不能抱着借口过一辈子，麻痹自己。你应该清醒一下头脑，来一场理性与自我妨碍的对决。当理性胜利的时候，你会看到智慧之光，看到一个更有能力、更成熟的自己。

其实，每个人都有自我的理想，它时刻提醒我们应该怎样做，但理想总是不容易实现。当一个人丧失了理想，并清楚地感到自己背叛了自己原有的思维模式，而在潜意识上又有原谅这个背叛的需要，于是，便找到了这个理由来原谅自己，但与此同时也给自己的心理上带来了无止境的纠结。

其实，我们应该认真地去做真正符合原则的事，不必为不如意找什么合理的解释。我们只问应该不应该做，做的时候我们是否已尽心尽力。只要我们尽力了就行，不要过分关注成功与失败，这样，就不会让自己陷入无止境的纠结中。

知识决定你的认知

宋代真宗赵恒曾写过一首著名的诗：

富家不用买良田，书中自有千钟粟；
安居不用架高堂，书中自有黄金屋；
出门莫恨无人随，书中车马多如簇；
娶妻莫恨无良媒，书中自有颜如玉；
男儿若遂平生志，六经勤向窗前读。

当然，这是古人对知识的看法。自古以来，人们早就懂得“知识可以改变命运”这个道理。为了光宗耀祖、飞黄腾达，古人“头悬梁、锥刺股”“凿壁借光”“秉烛夜读”，以期一朝而改变命运的人不计其数。

当今社会，很多人对知识的看法依然如故，他们仍然把拥有丰富的知识看作是改变自己命运的唯一途径，因而刻苦求学，奋发图强。当然，具备丰富的知识，是可以武装自己的头脑的，知识什么时候都是提高自己智慧的法宝。

一个懂经济学原理的人，做事情时，懂得成本、收益和机会之间的关系，就可以用这个来判断自己在资本市场里的资金动向，该做什么，什么时候做以及怎么做都能心中有数。

一个热衷历史政治的人，能把问题看得更加透彻。一件小事放在眼前可能会觉得是大事，但若把其放在历史长河中，那它不过是一滴水珠，如此一来便不会心生悲观。

一个热衷文学艺术的人，会以感性思维为主，在考量一件事情的利害时，会多关注情绪情感的力量，关注内心的感觉。

所以，不同的知识架构的人考虑问题的方式是不一样的。但我们不得不承认，理性思辨的思考方式是有着各类知识储备的人都应该具备的一种思维模式。运用所学的知识，建构自己对社会、世界的基本认知，编织自己独特的思维模式，这就是知识的作用。

我们可以选择站在巨人的肩膀上，因为他们用人生践行过的真理，是留给我们的宝贵遗产。事实上，这些巨人不一定是历史人物、先贤前辈，也有可能是你身边的人。“三人行，必有我师”，从身边的人身上汲取的经验，对你来说也是有用的知识。

事实上，我们经常要争论的一个话题就是：知识和经验哪一个更重要?

其实，很多时候，经他人实践总结出来的经验，要比理论知识生动实用得多，对生活的指导作用相较理论知识并不逊色。

很多时候，我们应该学会从不同的角度思考，遇到坏的事情要从好的方面去考虑，遇到好的事情要从坏的角度去考虑。同时可以回想事情发生的经过，判断事情下一步的发展方向，从而找出共性，以便于问题的解决。

因此，要学会用知识来武装自己的头脑，用理性思维来拓宽自己的视野，用实际行动来展现自己的能力，构建自己实现理想的阶梯，使自己成为一个具有大智慧的人。

学识的高度决定你人生的高度

英国哲学家弗兰西斯·培根有一句名言：知识就是力量，可见，知识能够提高人的认知，能指导人的行为。

事实上，从知识到认知，给人的不仅是力量，还有高度。

一个人学识的高度，决定着他人生的高度和境界，同时也决定着他做人的高度和幸福的高度。

要想达到一定的人生高度，提高认知、不断学习是我们必须要做的事情。我们应该认识自己的不足，改进自己的缺点，弥补自己的缺陷，使自己成为一个不断完善的人。

要做到认知自我

之前看《职来职往》，有位嘉宾求职找工作，经过一番考核、问答、谈话后，最后求职失败了。在谈话中，有位达人问了嘉宾一个问题：你知道自己具体要找一个什么样的工作吗？嘉宾想了想，很实在地回答：不知道。

现场一片沉默。一个人如果连自己到底想要什么都不知道的话，那怎么能放心地对他的能力作出合理判断呢！

人贵有自知之明。每个人都应知道自己每天要做些什么以及能做什么。一个人如果对自己毫不了解，那是很愚蠢的。

你适合做什么职业是一回事，你有机会做适合的职业又是另一回事。你选择企业的同时，企业也在选择你。所以，你要对自己有一个准确的认识，适合与不适合、胜任与不胜任，都要心知肚明。

当我们的能力还不够的时候，当我们的优势还不明显的时候，当我们的经历与经验还欠缺的时候，坦白说，我们没有太多的选择。我们是被动的，企业在选择我们。这一切的前提就是我们要认识自己，了解自己。今天不适合做这份职业，并不意味着明天也不适合。因为，我们在不断地学习，我们的能力在提高，适合与否，是基于我们的能力和经验的积累。

正确认识自己，不仅对职业生涯很重要，对为人处世也相当重要。只有正确认识自己，才能够作出既适合自己又适合环境的选择。

总之，要学会选择。选择是一种能力，可供选择的越多，就表明我们的能力越高，我们未来的成就也会越大。

人生就是一连串选择的过程，每一个人都应该选择一个适合自己的生活方式，选择职业更是如此。俗话说，“男怕入错行，女怕嫁错郎”，为了不让自己为昨天后悔，请好好认识你自己。

凡事多思考

认知是认识、分析事物的能力。如果一个人不具备起码的认知力，就难以使自己作出正确的判断和选择。

认知力如此重要，那么应该如何提升自己的认知能力呢?

知识、修养是一种内涵，而思维方式却是一种工具和方法。想要提升自我的认知能力，要用思维方式这种工具，把知识和修养转化为认知力。

所以，我们应该多读书、多思考，不断学习、不断进步、不断提升自己的知识容量。

在人生的道路上，为什么有的人能不断进步，而有的人则不进反退呢？问题在于他会不会思考。和读书学习是同一个道理，有的人容易进步，因为他乐于思考；有的人容易退步，因为他怠于思考。如果一个人只能接受人家的赞美，那么其保质期并不会太长。一个人应该学会接受别人的批评、指导，甚至是伤害。从某种意义上讲，能认真思考和接纳他人批评的人，会比其他人更成熟、更有度量。

有些人不敢表达自己的想法，只会在私底下议论纷纷，遇事也不敢当、不敢做。不敢担当就不会负责任，不会负责任就无法获取别人对你的信任，这样一来，你的人生前景就十分堪忧了。因此只要是对人有利的好事、善事，我们就要敢说、敢做、敢当。

认知力决定着一个人的思考力，思考力决定着一个人的精神世界的发展情况，所以，认知决定着你的高度、影响着你的高度。

总之，思考是一个人人生道路上不可或缺的基石，也是通往人生高度的阶梯。多思才能多知，多知才能多得。

认知与你的内在修养

良好的内在修养能体现出一个人的个性和人格魅力。一个人面对挫折所表现出来的乐观程度，对情绪的控制能力，认识他人的情感能力以及交往能力等，对加深沟通交流，提高人格魅力有着举足轻重的作用，在建立和谐的人际关系中显得非常重要。

一个人的一言一行，一举手一投足，一个微笑、一个眼神都能体现一个人的内在修养。一个人如果有极高的修养，便很容易在普通人中脱颖而出。

在现代社会，想要提升自己的修养，做到气质出众，除了穿着得体，说话有分寸，还要不断提高自己的知识水平。如果胸无点墨，即使穿着多么华丽的衣服，也会毫无气质可言，反而给别人粗俗肤浅的感觉。

另外，要想提高认知力，加强自己的修养是一方面，另一方面还要注重沟通。人与人之间的沟通最基本的就是语言，如果我们说话不讲究艺术，或是说话不得当，那么很难获得别人的好感。如果在性格上习气很重，恶性不改，偏见、嫉妒、傲慢，那此人很难在道德修养上有所提高。

要用“头脑”与人打交道

古语有云：世事洞明皆学问，人情练达即文章。

与人相处，最重要的不是智商的高低，而是情商的高低。学会用“头脑”与人打交道，学会控制自己的感情，就会收获他人的尊重与理解，游刃有余地在社交场上驰骋。

很多时候，我们无法控制他人的想法，也无法预知他人的做法。但是，我们却可以控制自己的情绪和想法，合理合情地与他人进行沟通，不踩到他人暗藏的地雷，不戳痛他人内心隐藏已久的伤痛，成为一个人见人爱、善解人意的人，既尊重了他人，也提升了自我形象指数。

不知道亲爱的你有没有遇到过这样的情况：一个生气的顾客投诉公司的服务时，如果你越是急于辩护和解释，对方反而会越生气。相反，如果你表现出一副认真倾听的样子，让对方感受到你是在听其讲话，并且认同他的讲话时，他的情绪反而会逐渐平复。

在现实人际交往中，体会他人感受的能力十分重要，心理学将之称作“同理心”。以上情形中，倾听承担了同理心发挥作用的载体。任何一个人，都希望获得他人的尊重，如果你表现得太理智，非要争个高下，反而会使事情走向另一个极端。

理智，在人际交往中并非我们想象的那么有用，不论是朋友、同事、亲人，还是爱人，在以情感纽带为链接的关系网络中，对归属和尊重的需求并非那么的理性。我们需要一点儿“头脑”，学会控制自己的情绪，学会识别他人的情绪，真正做到“人情练达即文章”。

其实，每个人都明白，当我们出现错误的时候，即使内心懊悔，我们也不愿意在别人面前承认错误。这里面的关键，就在于我们应如何利用我们的大脑，巧妙而又妥善地处理双方之间的关系，从而使对方易于接受。

即使面对生活中一些微不足道的事，我们也要不断地用“脑子”与人打交道。

现在的社会，人与人的较量，不是靠拳脚，而是靠头脑。我们常说做事要用脑子，这就是要我们在做任何事时要运用好情商，认真对待，用真情去打动对方，你的情商决定你办事的方式、态度与结果。

美国历史上著名的外交家富兰克林年轻时，是一个毛躁的小伙子。有一次，一位教会的老朋友把他叫到旁边，很尖刻地训斥了他一顿。

“你真是不可救药了，你打击了每一位和你意见不同的人。你的意见变得太珍贵了，没有人能承受得起。你的朋友发觉，你不在场时他们会感到自在得多，你知道得太多了，没有人能再教你什么，也没有人愿意告诉你什么，因为那样会吃力不讨好，他们认为你不可能再吸收新知识了，但你的旧知识又很有限。”

过后，富兰克林说：“我订下一条规矩，决不正面反对别人，也决不准自己太武断。我甚至不准自己在文字或言语上措辞太肯定。我不会用‘当然，无疑’等词，而改用‘我想、我假设、我想象’一件事该是这样或那样，或者目前我看来是这样的……”

是的，不管你做什么事，是用嘴说、用眼看、用手写、用耳朵听，还是用腿走，这一切都离不开大脑的支配。选择了用什么样的方式面对别人，用什么样的态度去感染别人，你就会得到什么样的结果。

学会用“头脑”与人打交道，需要运用你的情商。

站在别人的立场看问题，首先得承认自己也会出错，尊重他人，在任何情况下你都不能感到自己比别人更具有优越感，而要让别人感到你对他的重视程度。不要从正面指出和反对别人的观点，多一分肯定，多一分赞扬，少一分否定，少一分批评。“予人玫瑰，手有余香”，对每一件事都抱着单纯的动机，付出你真诚的感情去感染别人。想获得，先要付出，付出越多，收获越大。

人是感情动物，用真情换真情，你给我一粒米，我还你一斗粮。亲情、友情的力量是无穷的，交流感情可以使事情变得更容易。

古人云：劳心者治人，劳力者治于人。简单说，劳心者就是靠头脑吃饭、靠头脑管理人的人，只有不爱动脑子的人才是被人奴役的对象。与人相处，要用情商去打交道，用自己的头脑思考彼此之间的关系，熟悉沟通的艺术。

人与人打交道，要学会使用自己的头脑，学会运用自己的情商，做事之前，先想想自己到底要做什么以及应该怎样做，推断一下这样做会有什么后果。做事时，应该态度真诚，虚心谨慎，一丝不苟，在自己取得成功的同时也帮助别人取得成功。如果与人打交道，只做表面文章不注重实质，态度不诚恳，溜须拍马，没有个人主张，人云亦云，对人不真诚，对事不专心，虽然也很用脑子，但其效果可想而知，因为情商并非虚情假意的代称，它关乎一个人的智慧和修养。

总而言之，用你的头脑与人打交道，要付出真情实感，还要注意提高自己的情商。

准备好改变自己，从容应对未知

还记得曾风靡全球的影视大片《2012》吗？如果下一秒人类就要被大水淹没，现在的你会怎么做呢？

庆幸的是，这样的假设毕竟是假设，谁也不知道明天会发生什么事情。

未来总是不可预知的，我们看不清方向，不确定的前方每天都有未知的事情发生，让我们缺乏安全感。

也许，我们唯一可以做的是，改变自己，让内心更加坚强，随时准备抵抗对未来的恐慌。

把恐惧赶出你的内心

任何事情的结果都无法预料，即使是伟大的先知也不能。我们用双手处理烦人的日常工作，用头脑来思考、构想我们的未来，我们所做的只是我们需要做的，向往的是对未来的一种设想、一种未知结果的判断。不要去看远方模糊不清的东西，而要做手边的事，把每一件事都往好处想，不要总往坏处想。总想好的，心情就好，希望就大；总想坏的，内心一刻不得轻松，失望便会伴随你，甚至本来不属于你的恐惧也会跑来找你。

电视剧《一个好汉两个帮》中有这样一段情节：

> 护士长尹秀贞患上了严重的肝腹水，但她不知道自己到底得的是什么病，别有用心的院长瞿宗平不告诉她真实的情况，这使尹秀贞一直处于疑虑中，整天忧心忡忡，总怀疑自己得了不治之症，对未来充满了恐惧，担心自己活不了多久了。后来，瞿宗平为了达到他的目的，谎称她得的就是癌症，于是尹秀贞在万分恐惧之下自杀了。

同样的情景，在梁羽生的小说《江湖三女侠》中也有描述：

> 唐晓澜喝了雍正的酒，被雍正骗说是毒酒，他已经中毒了，在规定时间内要找他获取解药，解去身上的毒才能活下去。唐晓澜不想屈服于雍正，宁死也不去找他。他就这样每天生活在担忧、害怕当中，随着时间一步步逼近，唐晓澜感觉自己一天比一天衰弱，到了规定的时间，他竟然真的已经奄奄一息了。

现实中有些人，总是对不确定的未来充满恐惧、担忧。担心梦想不能实现，担心会有什么不好的事情发生，就这样一直生活在担心和恐惧之中，不能乐观地去面对。生活中我们总说做事情要未料胜，先预料到败，要把任何可能出现的问题考虑到，要做最坏的打算。结果我们在这种恐惧和担忧中每天都寝食不安，其实我们所担心的往往并没有出现。

美国著名女作家海伦·凯勒是个盲人，她在自己双目失明的情况下，仍然创作出了许多优秀的作品。

她说："我们大多数人都把生命视作理所当然，我们知道迟早我们会离开这个世界，但是，我们通常把这一天想象的遥遥无期，我们身强体壮、生机勃勃之时，死亡是不可思议的，我们很少想到死，日复一日，光阴无限，我们为区区小事而奔波，碌碌无为，而不知如何对待生命，何等消极冷漠。"

所以，海伦放下了对未知的恐惧，从容地面对自己的每一个今天和每一个明天。是的，与其担忧，不如放松下来，认真地过好现在的每一天。

兵来将挡，水来土掩。只要我们具有坚定的信念和勇气，只要站起来的次数比倒下去的次数多一次，相信我们就能战胜所有的困难。

当上帝为你关闭一扇大门的同时，也会为你开启另外一扇窗。每个人其实永远都是上帝的宠儿，他不会偏袒某一个人。

改变自己，强大你的内心，把恐惧赶出你的内心。

所谓的"小概率事件"

当我们怕被闪电击死，怕坐火车翻车时，想一想它们发生的概率吧。我们总是担心那概率很低的事情会发生在我们身上，却不去想甚至不愿去想那更多可能令我们愉快的事，我们看不见在我们身边即将出现的好的结果，而只为那距离自己很远甚至明明知道那根本不会发生的事担心。

记得有篇文章是这样写的：

你不能左右生命的长度，但你可以改变生命的宽度；你不能左右恶劣的天气，但你能改变自己的心情；你不能改变自己的容貌，但你可以改变自己的心灵。其实，我们每天都在改变自己、创造自己、超越自己。只有改变自己，才能最终走向成功。

所以，要多一分从容，多一分淡定，用强大的内心来改变自己现在的生活状态，过好每一天。

生活中我们经常会遇到一些伤心的事情，面对这些伤心事，很多人都感到痛彻心扉，甚至绝望。这时我们该怎么办呢?

找些事情做，让自己没有时间去想那些不愉快的事情。

心理学家曾发现了这样一条定理：忧虑最能伤害到你的时候，不是在你有所行动的时候，而是在你工作之余。那时候，你的想象力会混乱起来，使你想起各种荒诞无稽的事情，把每一个小错误都加以夸大。在这种时候，你的思想就像一个没有载货的汽车，乱冲乱撞，摧毁一切，甚至自己也会变成碎片。消除忧虑的最好办法，就是让你自己忙碌起来，去做一些有意义的事情。

让我们来做一个实验：假定你现在靠坐在椅子上，闭起两眼，试着在同一个时间去想两件事情……

你会发现你只能轮流地想其中的一件事，而不能同时想两件事情，对不对？对你的情感来说，也是这样。我们不可能既激动、热诚地想去做一些很令人兴奋的事情，又同时因为忧虑而停滞下来。一种感觉会把另一种感觉赶出去，也就是这么简单的发现，使得军队的心理治疗专家们能够在战后创造奇迹。

当有些军人因为在战场上受到打击而退下来的时候，他们都被称为“心理上的精神衰弱症”，军方的医生都以“让他们忙着”为治疗的方法。

除了睡觉的时间之外，每一分钟都不让这些在精神上受到打击的军人停下来，比如钓鱼、打猎、打球、打高尔夫球、拍照、种花以及跳舞，等等，根本不让他们有时间去回想他们那些可怕的经历。

让自己不停地忙着，是去除忧虑的最好办法。忧虑的人一定要让自己沉浸在工作之中，否则只有在绝望中挣扎。

“没有时间去忧虑。”这正是丘吉尔在战时说的一句话。当别人问他是否为自己身负的重任而忧虑时，他说：“我太忙了，我没有时间去忧虑。”

查尔斯·柯特林在发明汽车的自动点火器的时候，也碰到这样的情形。柯特林先生一直是通用公司的副总裁，最近才退休。可是，当年他却穷得要用谷仓里放稻草的地方做实验室。家里的开销，都得靠他太太教钢琴所赚来的1500美元。后来，他又用他的人寿保险作为抵押借了500美元。有人问过他太太，在那段时期她是不是很忧虑？“是的，”她回答说，“我担心得睡不着，可是柯特林一点儿也不担心。他整天埋头工作，没有时间忧虑……”

工作，确切地说是忙碌，是治疗忧虑的最好办法。如果你正处于悲伤忧郁的情绪中，那么试着给自己找点儿事情做吧，忙碌起来，你就会忘记那些不愉快。

你不能让世界适应你，应让自己适应世界

没有什么东西是一成不变的。每时每刻，世界上的万事万物都在以你看不见的速度变化着。世界瞬息万变，变化成了必然的趋势。

当然，这样的变化里，也有你。当变化成了必然，你能做的，就是勇敢从容地调整自己，适应变化。

仅仅四天，郝明出差回来后就发现公司里发生了很多变化。公司的面貌焕然一新，墙壁的颜色、室内的陈设都发生了改变；一个同事辞职去了国外；一个同事受到领导重用升迁了；公司又招聘了三名新员工；公司又购置了新电脑，几个同事的显示器换成宽屏的了……只四天怎么就发生了这么大的变化，以前也是这样的吗？

其实不变蕴含在变化之中，只不过每天都在一起你感觉不到这些细微的变化。郝明表现出来的震惊很正常，我们每天面对的事物

其实都在不断地变化着，所不同的是我们有没有用心地去感觉，去观察，去发现那些变化。

我们早就习惯用2秒钟充一杯咖啡，用2分钟将面包加热，用2小时看一场球赛。我们几乎没有时间去想，这世界变化太快了，以至于每一分每一秒都可能发生很多变化。在我们还没有觉察它的变化时，它已经离我们很远了。我们要加快我们改变的速度，以适应周围的世界。

曾经熟悉的同学，结婚不久又离了婚；平时不怎么联系的大学同学，今天得知对方悄悄结婚了。也有一些同学不久前跳槽了，下岗了，下海了……

这个世界每天都在不停变化着，每个人都在里面扮演着不同的角色，静下心来细细品味，有精彩的、有伤感的、有激情的、有无奈的。变化的世界，变化的你我，接受变化，努力让自己更精彩吧。

从前我们总说人定胜天，我们总想改变世界，总要把别人改变成自己想象的那样，可是直到最后才发现，其实这个世界上最需要改变的就是自己。

其实，没有什么人是完全不能改变的，只是代价的大小不同而已。外在世界有自己的模式，相同的一群人遇到同一件事，每个人的结果可能完全不同。抱怨是一种做法，力争上游也是一种做法，就看你选择哪种做法了。

不是改变别人，而是改变自己。我们身上的影响力便是我们可以做到的让我们能够去影响别人改变，这才是我们自身真正的影响力。一个愿意改变自己的人，他要有能力听真话，听与自己意见相左的话。

很多时候，人之所以不愿意改变自己，很大程度上是被习惯所束缚。习惯会上瘾，如同抽烟，这时候转变便变得异常艰难。可是，变化的周遭、无形的压力会让你倍感孤独，冥冥中的改变扼住你的喉咙，令你动弹不得。不改变，便要收获孤独，收获低落，这样的结果不仅对身体有害，对心理也同样有着莫大的伤害。

不够强大的内心，不够释然的内心，不能理性看待世界与自己之间的关系，只会让自己一个人受伤。有什么不可以改变呢？如果这样的改变并不苛刻，何不试着接受和适应呢？

总之，你不能让世界适应你，而是让自己适应世界。

在现实生活中，一个人的思路往往决定了他会向哪个方向走，也决定了他能走多远。如果缺乏好的思路，即使他再聪明、再有抱负，也会和成功失之交臂。拥有了好的思路，就能够在迷雾中拨云见日，找到问题的解决方法。

1916年，犹他州弗纳尔镇的人非常渴望修建一座砖砌的银行，而且建成后的银行也将是小镇上的第一家银行。镇长买好了地，备好了建筑图纸，万事俱备，只差砖还没有着落。

这时，障碍出现了，这是一个致命的障碍，由于它，整个工程将毫无进展：从盐湖城用火车运砖到镇里，每磅要2.5美元，这昂贵的运费将断送掉一切。一位商人绞尽脑汁，终于想出了一个听起来近乎愚蠢的主意——邮寄砖。

事实上，包裹每磅1.05美元，比用火车运送便宜了一半。难以相信的是，邮寄和火车运过来用的竟是同一班列车！

几周之内，邮寄而来的包裹洪水般涌入小镇。每个包裹7块砖，刚好可以不超重。这样，弗纳尔镇的居民很骄傲地拥有了他们的第一家银行。而且，这家银行全部是用邮寄过来的砖盖起来的。

可见，面对难题，换一种思路，则事事可为。一切“不可能”都有可能被你粉碎。

1988年10月27日，秘鲁的一艘潜水艇在公海上被一艘日本商船撞沉。包括船长在内7人死亡，24人逃离险境，还有22人正随潜艇渐渐下沉。大家推举老船员詹特斯为临时船长，研究逃生办法。时间一分一秒地过去，有些人绝望了。詹特斯决定冒险，用发射鱼雷的方法将人一个个地“发射”出去。然而，这样做太危险了，人被发射后要承受巨大的压力，弄不好还要留下难以治愈的“沉箱病”。这时潜艇已下沉了33米，把人射出海面需要3秒，不能再犹豫了。詹特斯告诉大家进入鱼雷弹口前，尽量把腔内的空气排净，否则，人的肺会像气球一样在发射中爆炸。结果，这22人中除一人脑出血外，都安全地返回到海面，得以死里逃生。

有些事情看似复杂棘手，但只要你能够开动脑筋，转变一下思路，就可以轻松地解决它们。

在现实生活中，善于思考问题、善于改变思路的人总能给自己赢得发展机会，在“山穷水尽”的时候创造出柳暗花明的奇迹。

一个人，在人生的各个阶段，难免遇到各种不如意的事，而且并不是所有的问题都有好的解决方法。可是人们如果选择不同的方法解决这些事，就会得到不同的结果，这就是思路不同带来的。

人生就像一场戏，请演好每一个角色，演一出好戏！

在这变化着的世界里，你准备好了吗？

第 7 章

心灵自由
才能真正的强大

生活中，不少人为了生存透支着体力和精力；为了爱情，透支着青春和情感；为了财富和地位，失去了健康和快乐。这样的人怎么能获得心灵的自由？内心怎么可能强大起来？只有放飞心灵，不受外界的影响和干涉，才能变得真正强大。

人在自我能量释放时，才是最自由最快乐的

一个人的自我能量释放，其实就是把自己的能力转化为具体的成果。比如，就像你用力气推动一个物体前进一样，你用能力推动一件事情并得到圆满的结果。你善写作，你创作出优秀作品；你会唱歌，你唱出优美的旋律；你善思辨，你总结出实用经验，等等。这些，都是你自我能量的对外释放。而当你的能量释放出来，转化成你看得见、感觉到的成果时，你从心理上会获得成就感，这时，你自然就是快乐的。

每个人都是有能量的。只不过，因为个体的差异，能量的大小也不同。

我们吃饭是为了补充损耗的体能；领导给我们任务，是希望调动、利用我们的动能；自学充电是补充积蓄我们的潜能。

有能量，当然就会寻机释放出来。能量释放不出去，我们个体就会处于压抑焦虑的状态。比如，我们都知道的“怀才不遇”“郁郁不得志”等词汇，描述的就是某些人的能量无从释放的状态，显然这种状态是令人痛苦的。相反，创造条件让个体能

量释放出来，人就会感到充实、满足，这既是社会文明发展的要求，也是人自身的要求。

具体一点说，就是我们的天赋，我们后天学习来的本领，需要有它的用武之地，需要应用到实践中去，这样我们就会从中找到快乐和幸福。

前几年热播的一部电视剧《士兵突击》，这部剧紧紧围绕士兵许三多的成长这条主线展开。从许三多当兵开始，到他成为一名赫赫有名的老A特种兵，激励他的是班长史今的一句话——好好活着，做有意义的事。

但什么才是有意义的事呢？大概许三多自己也不理解“有意义”的内涵，但是当他用这条模糊的人生信条坚守了一个又一个人生坐标时，他的人生真的变得越来越有意义了。

在五班看守训练场时，所有来这里的人都被这里的萧条同化了，只有他一如既往，去找有意义的事情做，没有路就一个人去默默修路。战友开始都把他当傻子看待，最后却只能看着这个“傻子”走出了这个没有生机的地方，去了梦寐以求的部队。

在钢七连，他是大家的“后腿”“笑柄”，但他从不嫉恨，也没有变得心理扭曲。钢七连裁编，他一人留守连队，每天都坚持进行军事训练，每天打扫卫生，每天进行学习，严格要求自己，自己一个人都坚持饭前唱歌。即使他是钢七连最后一个兵，也不能丢了钢七连精神，对他来说，这是不能放弃的事情，没有放弃就变得更加有意义。

许三多的内心很强大，他无论在任何境况中都能坚持下去，坚持正确的原则立场，不动摇，不被同化，不被污染。

如此一来，便没有什么可以影响他、控制他，他就可以自由地追随本心，走自己认为正确的路。

回到现实中来，我们的身边有多少人在虚度年华，在自己的岗位上混日子，每天打牌、打游戏，有的甚至豪赌、吸毒，寻求所谓的刺激，结果，这些人收获的却是越来越大的空虚，没有一丝生气。

自己的才能在无所事事中损耗掉，自己的人生在碌碌无为中浪费掉。自己没有存在感，没有成就感，这样的人生，无法快乐，更别谈幸福了。

微博上有一条语录被广泛转载："自由不是想干什么就干什么，而是不想干什么就不去干什么。"大多数人的一生都在为了自己想干的事并把它干成而努力，说到底，无非就是欲望的驱使。而不想干什么就不去干什么则是获得内心自由的途径，不被欲望和诱惑所牵引，只做内心真正乐于去做的事。

舍付出，得理解；舍计较，得朋友；舍抱怨，得呵护。正如泰戈尔所说："如果你因失去了太阳而流泪，那么你也将失去群星了。"换一种角度来思索失去与得到之间的关系，你会发现舍亦是一种得。生活中，既有失望也有希望，有痛苦也有快乐。因此，我们要明白失去是痛苦的，但不能因此失去对生活的信心与希望，不能陷在焦虑与遗憾的泥沼里自暴自弃。

一个小男孩11岁那年，在一次车祸中不幸失去了左臂。他一直都很想学柔道，但人们总觉得他没了左臂是不可能学会柔道的。他走了很多地方都没有找到愿意收他为徒的师傅。

后来，小男孩遇到了一位柔道大师，这位大师很愿意收他为徒，于是他拜这位大师做了师傅，开始学习柔道。他学得很认真，悟性也很高，可是三个月来，师傅却只教了他一招，小男孩很是着急，不知师傅为什么要这样做。

一天，他终于忍不住问师傅："师傅，您三个月来只教了我一招，并且我已经学得很精了，我是不是应该再学学其他的招数呢？"

师傅回答说："不错，我的确只教了你一招，并且你已经学得很不错了，不过你只需学会这一招就足够了。"

小男孩并不明白师傅的话，但他相信师傅的话是有道理的，就继续按照师傅的要求练了下去。

几个月后，小男孩的师傅带着小男孩去参加了比赛。这是小男孩第一次参加比赛，但他自己都没有想到居然那么快就制伏了对手，并轻轻松松地就赢得了前两轮。第三轮稍稍有点儿艰难，但他还是施展出自己的那一招，这一轮他又赢了。就这样，小男孩没有费什么力气就稀里糊涂地进入了总决赛。

总决赛的对手比小男孩强大好几倍，这个对手在赛场上表现得也更有经验。一开始小男孩显得很被动，有点儿招架不住，裁判担心小男孩会受伤，就要求终止这场比赛，但小男孩的师傅却说："我相信他会赢得这场比赛的，请继续下去吧！"

比赛再一次开始，这时对手放松了戒备，小男孩乘机使出他的那一招，将对手打翻在地，由此赢了比赛，夺得了冠军。

回家的路上，小男孩回想着比赛的每一个细节，他终于鼓起勇气道出了心中的疑问："师傅，我为什么仅凭这一招就赢得了冠军呢？"师傅说："这其中有两个原因：一是你用的这一招是柔道中最难的一招，并且你精熟于心；二是就我所知，对付这一招唯一的办法是对方抓住你的左臂。"

这时候，小男孩恍然大悟，原来他的最大劣势变成了他最大的优势。他失去的是左臂，而收获的却是冠军。

在失去中寻找，在失去中体验，在失去中铭记，在失去中懂得，在失去中得到，从而也让我们的内心更加丰富和充实，难道这不是一种收获吗？

可见，失去的也不仅仅是遗憾，那是对人生的一种体验，一种神圣的体验，也是唯有失去才获得的一种体验。失去也是人生的一种际遇，回味失去是一种景观，享受失去是一种境界。体验、回味之余，失去在我们的心里也就有了另一种理解。

释放自己的潜能

一个人只要相信并开发自己的巨大潜能，就会具有超群的智慧和强大的精神力量。因此，一个人一旦认识到自己的潜能和优势，那就不会只是羡慕别人，总是感到自己不如别人了。

对任何人来说，认识自我都是极其重要的。因为认识自我，就能让你意识到并开发你的潜能，使你获得成功。所谓的成功，也正是提高素质、自我实现的一个过程。

无数事实和许多专家的研究成果告诉我们：每个人身上都有巨大的潜能还没有开发出来。哈佛大学著名教授詹姆斯曾经这样说道："和我们所应该取得的成就相比，我们只是处于半醒的状态。现在我们只利用了我们身心资源的很小一部分。从广义上来说，人类现在还只是生活在自身潜能远远没有得到开发的狭小天地中，人类具有各种潜力，但却不曾很好地开发和利用它们。"

有一段时间，地球上所有的人都是神，但大多数人是如此罪恶并滥用神权，以至于梵天——一切众生之父，决定剥夺人类所拥有的神性，并把它藏到人们永远也不会发现的地方，以免他们滥用它。

“我们将它深埋在地下。”其中一个神说道。“不，”梵天说，“因为人们会挖掘到地层深处并发现它。”“那么，我们将它沉于最深的海。”又一个神说道。“不，”梵天说，“因为人们会潜到海底发现它。”“我们将它藏于最高的山上。”第三位神说。“不，”梵天说，“因为人类总有一天会爬上每座山峰捕捉到它。”“那我们实在不知道应把它藏在哪儿，人类才不会发现它。”一小部分神说道。“我告诉你们，”梵天说，“把它藏在人类身上，他们绝不会想到去那里寻找。”诸神赞成。

因此，我们每一个人只要从自身出发，找到藏于自身的神性，也就是智慧，并用它来改造和完善我们的性格，那么我们就会越来越清楚自己的长处。要问这颗神奇“种子”的成分是什么，它也因人而异，或许它是你无人能敌的恒心，也可能是你卓越的口才，还可能是你积极的心态。总之，它可能是你的任何优势，一个你从未发掘也没有重视过的强项。

当你感受到生活中有一股力量驱使你飞翔时，你是决不应该爬行的！

一个人如果要成功，只能靠自己。靠自己什么呢？出身富贵、人脉宽广、智慧超人、机遇幸运、环境如意等等所谓有利因素，都是靠不住的。那么，究竟靠自己什么呢？答案是只能靠认定自己就是一座金矿这个信念，认定自己是一个无价的宝藏，并去开发它，那么最后你就一定能够获得成功。

有一位老哲人说过："世界上没有跨越不了的鸿沟，只有无法逾越的心。"这个心一旦被自己封闭起来就变成了"心域"，它会限制我们潜质的发展。所以，要想获得幸福，最关键的是要开放自己的心。

一个人在他20岁时因为被人陷害，被判入狱，10年后冤案告破，他终于走出了牢房。出狱后，他开始了几年如一日的反复控诉、咒骂："我真不幸，在最年轻有为的时候竟遭受冤屈，在监狱度过本应是人生中最美好的一段时光。真不明白，上天为什么不惩罚那个陷害我的家伙，即使将他千刀万剐，也难解我心头之恨啊！"

75岁那年，在贫病交加中，他终于卧床不起。弥留之际，一位德高望重的禅师来到他的床边："已经过去那么多年了，为何还如此耿耿于怀呢？"

禅师的话音刚落，病床上的他就声嘶力竭地叫喊起来："我怎么能释怀，那个将我陷于不幸的人现在还活着，我需要的是诅咒，诅咒那个使我遭遇不幸的人……"

禅师问："你因受冤屈在监狱待了多少年？离开监狱后又生活了多少年？"他恶狠狠地告诉了禅师。

禅师长叹了一口气："你真是世上最不幸的人，他人的陷害使你在监狱中度过了10年，而当你走出监牢本应获取永久自由的时候，你却用心底的仇恨、抱怨、诅咒囚禁了自己近50年！"

你是否也有过类似的遭遇呢？生活中，一次次的受挫、碰壁后，奋发的热情、希望就被“自我”压制、扼杀。其实，当你走出心的囚笼，脱掉抱怨和诅咒盔甲的那一刻，幸福就会温柔地拥抱你。

多年前，美国《纽约时报》曾刊出这样一篇感人的小故事：

一对夫妇的独生儿子被一名酒后驾车的司机撞死了，老夫妇俩得知这一消息后，内心几经挣扎，愤怒、痛楚、绝望等情绪一涌而来，最终他们决定将报复之心交于上帝，伸出爱心之手来拥抱他们的仇人。

他们通过将近一年的时间与监狱接洽，酒驾的罪犯终于答应了同他们见面。这位母亲以平易近人的语气，讲述了他们与罪犯见面的情景：“监狱的门缓缓打开了，我们走进了会客室，罪犯身材高大，穿着整齐干净的衣服，眼中闪烁着不安……看着他眼中满溢着自责的泪水，我和丈夫站了起来，轮流拥抱了他，如同拥抱自己的儿子……之后，我们同声哭泣，他的泪水溶入了我们的泪水中，在那一刹那，压在我心头的怨恨、愤怒，奇妙地消失了……”

离开监狱，夫妇俩都感到释然，怨气都消失了，甚至内心的痛苦也不复存在了。可是那名罪犯却刚好相反，他更加的自责。他写了一封长信，向这位夫妇表示歉意，并且表示，出狱后要替他们的儿子来奉养他们。

有时候其实我们也不太了解自己的能量有多巨大，反而是生活的考验让我们发现了自己，原来我们有能量做出这样的事情，有能量去让世界发生一些改变。

著名化学家格林尼亚，年少时家境富裕，父母溺爱，使得他没有理想，没有志气，整天游荡，什么也不想，什么也不做。可是好景不长，几年后他家破产，变得一贫如洗，昔日的朋友都离他而去，甚至连女友也当众羞辱他。从此，他醒悟了，开始发愤读书，立志追回被浪费的时间。九年后，他研制出格氏试剂，获得了诺贝尔化学奖。

人生之中，无论我们的事业处于何种卑微的境地，我们都不能自暴自弃，只要渴望崛起的信念尚存，只要我们能坚定不移地笑对生活，那么，我们一定能为自己开创一个辉煌美好的未来！

阿里巴巴的创始人马云，从小被人称为“小傻子”，爱打架。他是在父亲的拳脚下长大的。他没有进过一流的学校，高考数学第一次考了一分。后来，路遥的《人生》改变了他的命运。他发誓要上大学，经过努力，他实现了自己的理想，并在以后的学习和工作中，马云一直以坚强的意志，克服困难，从而取得了巨大的成就。

一个人无论面对怎样的环境，面对多大的困难，都不能放弃自己的信念，放弃对生活的热爱。很多时候，打败自己的不是外部环境，而是你自己。因此只要一息尚存，我们就要追求、奋斗。那么，即便遭遇再大的困难，我们也一定能化解克服，并于逆风之处扶摇直上，做到“人在低处也飞扬”。

有这样一个不幸者：4岁时一场麻疹和强直性昏厥症，差点儿使他夭折；7岁时患上了严重的肺炎，不得不进行大量的放血治疗；46岁时牙床突然长满脓疮，他拔掉了几乎所有的牙齿；牙病才刚刚痊愈，又染上可怕的眼疾，他的视线不再清晰，只能靠人搀扶着走路，于是幼小的儿子成了他的“拐杖”；50岁后，关节炎、肠道炎、喉结核等多种疾病吞噬着他的肌体；后来声带也坏了，只能靠儿子按口型翻译他的话；到57岁，他口吐鲜血而亡；死后，他的尸体也不得安宁，先后被移迁了8次。上帝给他的苦难实在太多了。

而这个人似乎觉得这些还不够沉重，他又给自己的生活设置了各种障碍。他长期把自己囚禁起来，每天练琴10至12小时。13岁起，他就周游各地，过着流浪的生活。但他另一面的人生足以让人瞠目结舌：12岁他就举办了首场音乐会，并一举成名，轰动音乐界。之后，他的琴声遍及法、意、奥、德、英、捷等国。他的演奏使帕尔玛首席提琴家罗拉惊异得从病榻上跳下来，木然而立，无颜收他为徒。

听了他的琴声，卢卡观众欣喜若狂，把他称为共和国首席小提琴家。在意大利巡回演出时，到处传言他一定有魔鬼暗授他妖术，要不他的琴声怎么会魔力无穷。

维也纳一位盲人听到他的琴声，以为是乐队演奏，当得知台上只他一人时，大叫一声“他是个魔鬼”，然后竟然逃走了。巴黎人为他的琴声陶醉，早忘记当时正在流行的严重霍乱，演奏会依然场场爆满……

凭借独特的指法、弓法和充满魔力的旋律，他征服了整个欧洲，几乎欧洲所有文学艺术大师，如大仲马、巴尔扎克、司汤达等都听过他演奏并为之漾动。

音乐评论家勃拉兹称他为“操琴弓的魔术师”，歌德评价他“在琴弦上展现了火一样的灵魂”。

他就是文艺史上的三大怪杰之一、伟大的小提琴家帕格尼尼。

当然，没有人愿意经历坎坷，困难都是不请自来的，而且一点儿也不讨喜，带来的只有烦恼和痛苦，但这就是生命给你的考验。命运不是来讨好你的，所以它不会让你一路高歌就走到成功的顶峰，它总要给你设置一些障碍，让你在这些挫折中坚定信心，强大自己。

所以，别再抱怨和觉得委屈了，逆境可以激发你身体中潜藏的能量，让你发现一个更好的自己。让我们以强大的内心去克服逆境吧！

正能量的吸引力法则

任何动物都具有趋利避害的本能。这很正常，从心理学的角度讲，这就是正能量的吸引力法则，正面能量形成的磁场会吸引同样的正面能量，形成一个能量场，抵抗负面能量。

这个正面能量场，你可以理解为气场，或者具体理解为一个人的人格魅力，总之，你可以选择一个参照物来感觉一下它的存在，因为它实在是不亦觉察但又深刻地影响着你的人生的。

在《硅谷禁书》这本书中作者提到，人类的强大就在于潜意识中蕴藏着宛如宇宙般无穷无尽的巨大精神能量。只要你愿意充满信心地去提高和挖掘自己，就一定可以找到可行的途径或方法实现这种惊人的改变。

我们的思想自始至终在主导着我们的一切行动。从某种程度上说，我们的思想以及思维方式决定着我们的现状和未来。我们今天所做的一切对未来人生都影响深远。

通常，我们潜在的能量总是被自己不知不觉地忽略了。意识到这种力量的存在是重新认识自己的前提。那么，怎样才能意识到这种力量的存在呢？首先，我们必须明白一点——我们一切的力量都来源于自己的内在世界。

当我们渴求上进与成功时，我们就会在自己的内心萌生出希望、热情、自信、坚强、勇气、友好和信仰等正面的愿望。进而在我们为之努力奋斗的过程中，这种品质就会来指导和影响我们的行为、视角，完善我们的认识，从而开拓我们的精神世界，于是在这个完善与强大的精神世界的引导下，我们获得非凡的能力，使自己梦想成真。

这种潜藏在我们身体里的能量，我们要如何激发并引导它呢？

当你陷于困惑、争执或消极能量中时，你应当尽力做个和事佬，尝试解脱或改变破坏性的能量。这时你会发现，你用来抵抗的正面能量甚至可以自我完成对破坏性能量的修缮。

事实上，每个人都有未发掘出来的潜能。我们应该感激上天赋予的一切，同时以怜悯之心宽恕和遗忘他人的不敬，既不尖酸刻薄，也不怀恨在心。

我们所说的正能量的载体是指像你我他一样的社会人。因为我们需要正能量，我们是索取者；我们也可能被需要，我们便是奉献者。因此，这双重身份让我们必须融入到群体中，使能量形成场，这样才能发挥其更大的作用。

具体到生活中，就是要多交朋友，多找几个知己，快乐时互相分享，困难时互相帮助。“不以物喜，不以己悲”，成功时要想到过程的艰辛，欢乐时要想到得来的不易。走运时要做好倒霉的准备。

有些人觉得自己不够聪明，常常为自己的脑子是否够使而感到焦虑。其实，这个担心是多余的，大脑接受、储存和综合各种信息的潜能是极其巨大的。在这个领域，美国和其他国家的许多心理学家进行了大量的研究和试验，其成果对于人们重新认识自我很有启示。

人的大脑是由成百上千亿个细胞组成的，具有极大的贮存量，可以在每秒钟接受十来个信息。一个信息单位叫作比特，大约相当于一个单词。人脑的容量有一百万亿个比特，这还是较为保守的估计。这一百万亿个比特，究竟有多大呢？它可以装下全世界所有图书馆的藏书内容。何况人类还有潜意识，有许多难以用语言表达的微妙感觉和印象。现代科学研究表明，像爱因斯坦那样伟大的科学家，也只用了他的大脑智力的三分之一而已，而一般人则更少，绝大部分脑细胞仍处于“待业”状态。而且人脑不同于机器，使用久了会有磨损，而是越用越好用，就像有人学外语，一旦掌握了一两门外语，再学第三门和第四门就会容易许多。

人的大脑可以看成是一个电子计算机，因为人脑和计算机一样，都能够接收、储存和运控大量的信息，但人脑的功能却比现在任何计算机强大得多。美国加利福尼亚州的一个大脑研究所的一些专家认为，人的大脑功能实际上是无限的。那么是什么因素阻碍着我们充分利用大脑如此巨大的潜能呢？关键就是我们还没有学会给自己编排解决一系列问题的程序，也就是我们迫切需要发展积极的心理态度。如果我们把大脑的构造比作计算机，那么心态和意识就是输入的程序。

一个人只要相信并开发自己的巨大潜能，就一定会获得想要的成功。

能给予就会有幸福

舍是为了得！舍了必然会得。一分耕耘，一分收获。能够舍的人，一定是拥有宽阔心胸的人：如果他的内心没有感恩，他怎么肯舍给人？如果他的内心不是充满欢喜，他怎么能把欢喜给你？如果他的内心没有蕴藏着无限的慈悲，他怎么能把慈悲给你？自己有财，才能舍财；自己有道，才能舍道。有的人心中只有贪嗔愚痴，他给人的当然也是贪嗔愚痴。所以我们不要把烦恼、愁闷传染给别人，因为舍什么就会得什么，这是必然的因果。

其实，就是这么一个简单的道理：付出必然会有回报，甚至得到更大的回报，心情会变得更好。生命的意义在于付出，人存在的意义、价值就是在不断付出、不断释放中得到体现，这就是正能量的传播方式和途径。

犹太人被誉为这个世界上最会赚钱的民族，犹太人有一个传统：将自己所得财富的十分之一赠与他人。从长远来看，这无疑是一种增加收入的投资，这让他们懂得了控制钱财，因为人的眼界太狭隘，就会限制其财富之源。

对于我们的民族而言，传统教育告诉我们要乐善好施。乐善好施出于一种慈悲信念，是一种内在的自觉意识。有乐善好施之心的人，必然志存高远。

一位住在山中茅屋里修行的禅师，有一天到林中散步，在皎洁的月光下，突然开悟。他欣喜地走回住处，这时却看到自己的茅屋正遭小偷“洗劫”，找不到任何财物的小偷要离开的时候在门口遇见了禅师。

原来，禅师怕惊动小偷，一直站在门口观望，他知道小偷一定找不到任何值钱的东西。

小偷看到禅师，正感到惊愕的时候，禅师说：“你走了很远的山路来探望我，总不能让你空手而回呀！夜凉了，我又别无他物，你就穿着这件衣服走吧！”

说完，禅师就把衣服披在小偷身上。小偷一时不知所措，低着头溜走了。

禅师看着小偷的背影穿过明亮的月光消失在山林之中，不禁感慨地说：“可怜的人呀！但愿我能送一轮‘明月’给他。”

禅师目送小偷走了以后，回到茅屋赤身打坐，他看着窗外的明月，进入空境。

第二天，他从极深的禅定里睁开眼睛，看到他披在小偷身上的外衣被整齐地叠好，放在门口。禅师非常高兴，喃喃地说：“我终于送了他一轮‘明月’！”

面对盗贼，禅师既没有责骂，也没有告官，而是以宽容的心胸原谅了他，禅师的宽容和原谅也终于换得了小偷的醒悟。

宽容是一种大度，是一种豁达；宽容能够容纳万物，宽容能够包含太虚。也许你曾经遭受过别人的恶意诽谤或者是致命的伤害，这些伤痛在你的心底一直没有被抚平，你可能至今还在怨恨他，不能原谅他。其实，怨恨是一种被动和侵袭性的东西，它像一个不断长大的肿瘤，使我们失去欢笑，损害我们的健康。怨恨，更多地伤害了怨恨者自己，而不是被怨恨的人。

我们国家有“日行一善”之说，我们把这叫作修行。

在这个纷繁的世界，无论我们给予谁，给予什么，我们永远都能获得一份温暖和幸福。

一个小女孩，看到老师每天都穿着一双布鞋来上课，就想老师家里一定很穷。要不别人都穿皮鞋，她为什么总穿一双布鞋呢？我一定要做双漂亮的鞋子送给她。可是，小女孩家里很穷，没有钱，自己也穿着一双周边开了花的布鞋，怎么办呢？于是她用自己卖破烂的钱买了张贺卡，在上面画了一双很漂亮的皮鞋，在教师节那天送给了她的老师。

老师看着贺卡上面画着一双涂得花花绿绿的皮鞋，旁边还歪歪扭扭地写着：老师，这双皮鞋送给你穿。

老师很受感动，亲切地说：“老师家里不穷，你家里也不穷。你很富有，你知道关心别人，送了那么好的礼物给老师，让老师这么高兴。脚上穿着布鞋，心里却装着别人！只有富有的人才能给予别人幸福，能给予就不贫穷。”

能给予就不贫穷，能给予就会有幸福。

在这个世界上，帮助和给予一定是与幸福温暖连在一起的。不论是给予的人还是被给予的人，都会获得这份幸福与温暖。

学会放下是人生的大智慧

世界上有一个问题，我们永远得不到标准答案，这个问题就是：“什么是幸福？”

关于“什么是幸福”的讨论，我们进行了很多次，听到了很多关于幸福的答案。

举一个简单的例子，你觉得拥有宝石幸福还是拥有一个馒头幸福？很多人会回答，拥有宝石幸福啊，宝石代表财富，而财富可以买到一切你想要的东西。然而，对于一个饥肠辘辘的人来说，吃下一个馒头就是最大的幸福。

生活中也会听到这样的对话：

女人A：你看你老公温柔体贴，对你百依百顺，你可真幸福！

女人B：得了吧，他除了哄老婆什么也做不好，哪像你老公事业有成、精明能干，你只要做个享福的阔太太就好了，你才幸福呢！

女人A：我是做了阔太太，可是在我生病时给我递水的永远是保姆，再热的水也没有温度……

谈论得多了，我们就明白，幸福就是人生的选项。

你选择它你就拥有幸福，你不选择它，你自然就不幸福。

你觉得宝石是幸福你就选择宝石，你觉得馒头是幸福你就选择馒头，你觉得温柔体贴是幸福你就选择温柔体贴，你觉得养尊处优是幸福你就选择养尊处优。

幸福就是穿在自己脚上的鞋，舒不舒服与任何人都没有关系，只与你有关。

可悲的是，我们经常抱怨自己拥有的，也就是自己选择的。人，是不是太过贪婪？

“身外物，不奢恋”，谁能做到这一点，谁就会活得轻松，过得自在，遇事想得开、放得下。烦恼与欣喜，成功与失败，仅系于一念之间。

托尔斯泰说：“欲望越小，人生就越幸福。”这话蕴含着深邃的人生哲理。

有一个男人，经过多年的艰苦努力，终于拥有了自己的事业和家庭，房子、车子也都有了。而投身商海这么多年，没日没夜地奔波操劳的他，有一天终于感觉累了，疲倦了，看着渐渐发福的太太，不由得感叹道：“太太，在这个世界上，我们也算小富有余了，我想好好休整一年，然后去找个简单的工作。”

太太不满：“作为男人，要有远大志向，不能稍富即安，我们离真正的富裕还差得太远。”太太的话像针般又一次深深地扎进男人的心中，男人在那一刻激灵了一下，人活着究竟为了什么，就为那些花花绿绿的钞票？他头一次迷茫了。

然而未等他再展宏图，他却轰然倒下了，莫名其妙的消瘦，胸部长时间的憋闷，让他不得不去医院检查。检查的结果让他头晕目眩，诊断书上清晰地写着两个字——肺癌。他差点儿跌坐在椅子上，医生握着他的手，安慰他：“慢慢调养，保持快乐的心情。”

回到家中，他感觉房子突然间变小了，太太也变得陌生起来，他整天一句话也不说，常常面对着窗外的小鸟发呆，自己再也飞不高了，什么创业、什么人生、什么追求，此刻都失去了意义。于是他写下了一张纸条：我走了，是贪婪毁了我，毁了这个家。

其实，我们每一个人所拥有的财物，无论是房子、车子……无论是有形的，还是无形的，没有一样是属于你自己的。那些东西不过是暂时寄存于你这里，有的让你暂时使用，有的让你暂时保管而已，到了最后，物归何主，都未可知。

“身外物，不奢恋”，不但是超越世俗的大智慧，也是放眼未来的豁达。

明云禅师曾在终南山修行达三十年之久，他生性淡泊，兴趣高雅，不但喜欢参禅悟道，而且也喜爱花草树木，尤其喜爱兰花。寺中前庭后院栽满了各种各样的兰花，这些兰花来自四面八方，全是明云禅师年复一年地收集所得。他茶余饭后、讲经说法之余，都忘不了去看一看他那些心爱的兰花。大家都说兰花就是明云禅师的命根子。

有一天明云禅师有事要下山去，临行前当然忘不了嘱托弟子照看他的兰花。弟子也乐得其事，上午他一盆一盆地认认真真浇水，等浇到最后只剩下那盆兰花中的珍品——君子兰时，弟子更加小心翼翼了，这可是师父的最爱啊！这个弟子也许浇了一上午有些累了，越是小心翼翼，手就越不听使唤，水壶“哗”的一下落下来砸在花盆上，整盆兰花都摔在了地上。这回可把弟子给吓坏了，愣在那里不知该怎么办才好，心想师父回来看到这番景象，肯定会大发雷霆，他越想越害怕。

下午明云禅师回来了，他知道了这件事后非但一点儿不生气，反而平心静气地安慰弟子道：“我之所以栽种兰花，为的是修身养性，并且也为了美化寺院环境，并不是为了生气才种的啊！世间之事一切都是无常的，不要执着于心爱的事物而难以割舍，那不是修禅者的秉性！”

弟子听了师父的一番话，这才放下心来，他对师父的言行敬佩不已，从此更加认真修行了。

生活在这个世界，最难做到的无疑就是放下。大多数人自己喜爱的固然放不下，但自己不喜爱的也放不下。因此，爱憎之念常常霸占住他们的心房，这样哪能快乐呢?

“情”能否放得下？人世间最说不清、道不明的就是一个“情”字。凡是陷入感情纠葛的人，往往都会丧失理智。若能在“情”方面放得下，可称得上是理智地放下。

“财”能否放得下？李白在《将进酒》中写道：“天生我材必有用，千金散尽还复来。”如能在“财”方面放得下，那可称得上是潇洒地放下。

“名”能否放得下？高智商的人，患心理障碍的概率相对较高，原因就在于他们一般都喜欢争强好胜，对“名”看得较重，有的甚至爱“名”如命，最终累垮了。倘若能对“名”放得下，就可称得上是超脱地放下。

“忧愁”能否放得下？现实生活中令人忧愁的事实在太多了，就像宋朝女词人李清照所说的“才下眉头，却上心头”。如果能对“忧愁”放得下，那就可称得上是幸福地放下，因为没有忧愁确实是一种幸福啊!

放飞心灵，内心才能强大

心理学上说，自由是按照自己的意愿做事，想做什么就做什么，想怎么做就怎么做。自由就是人能够按照自己的意愿决定自己的行为。当然这种决定是有条件限制的，受到自己本身的能力、外界的信息和周围环境的制约。但是人的意识可以自己按照各种条件的约束，自主地选择如何行动、怎样作为。如果这种选择是发自内心的话，那就可以说是自由了。如果是受到了外界的强制和干涉，那就是不自由了。

心灵自由意味着一个人不一定非要实现某种特定的目标，也不必成为什么道德上的圣人，也不必成为一个有钱有社会地位的人，哪怕他只是社会上的一个小人物，只要他心灵自由，内心足够强大，就能获得幸福、充实、宁静与喜悦。

寺院里有一个被人遗忘的小角落，那里没有充足的阳光，并且阴暗潮湿，垃圾堆积，只有一些不能食用的花蘑菇在生长着。

有一个小和尚路过此处，觉得这个小角落水分充足，土壤肥沃，浪费了有些可惜，于是他清扫了垃圾，又在那里插了很多树枝。其他人见状便跑过来看热闹，纷纷问道："你这是在干什么啊？"

小和尚说："种花。"

其他人都劝他："这个鸟不拉屎的地方，能养什么花啊！"

小和尚笑了笑，不置可否，只是每天来施肥捉虫。

很多天过去了，那个小角落依旧被人遗忘。直到有一天，寺院里忽然多了很多蜜蜂与蝴蝶，大家便跟着蜜蜂和蝴蝶去探个究竟。

跟到小角落的时候，大家都明白了，原来，这里开着灿烂的山茶花！

可见，依据自己的心，作出自己的判断，不被外界的境遇所左右，才能真正实现心灵自由。心灵的自由意味着，不依赖特定的东西，当然心灵自由也不是想当然，更不是故意表现得惊世骇俗。

个人生命只有当它用来使一切有生命的东西都生活得更高尚、更优美时才有意义。一个人活着就应该扪心自问，我们到底应该怎样度过一生，这是一个合情合理的问题，也是一个非常重要的问题。

人生的意义是什么？千百年来，不分肤色国界，无论贫富贤愚，无数人都在心头追问过这个问题。从呱呱坠地一直到生命的尽头，我们对这个问题的思考一直没有停过。这也是人到一定年龄自然会深思的一个问题。

著名科学家爱因斯坦曾说：“一个人活着就应该扪心自问，我们到底应该怎样度过一生，这是一个合情合理的问题，也是一个非常重要的问题。”

爱因斯坦认为：“个人生命只有当它用来使一切有生命的东西都生活得更高尚、更优美时才有意义。”透过这些充满思想光辉的文字，我们可以窥见伟人独特的价值观和对人生的追求。

当然，“梅花有梅花的香，樱花有樱花的美，桃花有桃花的色彩，李花有李花的风味。百花争妍，才会有花园的美丽”。池田大作先生曾在《我的人学》一书中，提到佛法中的“梅樱桃李”的原理。他用充满诗意的笔触写道：“比如梅花吧，它领先于春光到来之初，开出高洁的花；然后是樱花开放的季节，樱花也使自己开得极其美丽；桃花、李花也是如此。同样，人也应当使自己的生命开出美好的花朵。不，生命本身就足有开出绚烂花朵的力量。”

池田先生引用恩师户田先生的话——要为自己的生命而活下去。池田先生认为这句话具有深邃的内涵和千钧的分量，指出了人生终极目的所在。

我们要活出自己的使命，用自身的行动验证和解开生命之谜，而我们的人生意义也就在其中。

有一部叫《中锋在黎明前死去》的电影，说的是一个著名足球中锋，他曾经带领自己的球队夺得多个桂冠。后来，他被一位超级富翁看中并以高价聘用，不过不是让他去踢球，而是让他与一位物理学家和一位舞蹈家一起，在富翁的豪华别墅里作为“展品”存在，以满足富翁的虚荣心和占有欲。中锋离开了球场，虽然有优厚的待遇和高级的享受，可整天的无所事事让他生活在一种难以忍受的孤独之中，他终于在忧郁中死去了。

电影中的中锋之所以在忧郁中死去，是因为他在富翁的安排下，完全成了一种“展品”和摆设，失去了自己原来那种充实的生活，可以说他人生的探索和实践终止了，因此，虽然衣食无忧，但他终于还是在忧郁中死去了。人具有社会性，一个人必须融入社会，在社会中发现自己的使命，完成自己的使命，并由此谋取生存发展的机会，只有这样方能够不负此生。

逐渐认识自己吧，心灵强大，才是真正的强大，心灵自由才能释放巨大的能量。只有清楚内心的目标，你才会觉得生活是多么有意义。